LÍQUIDO

CONSELHO EDITORIAL

André Costa e Silva

Cecilia Consolo

Dijon de Moraes

Jarbas Vargas Nascimento

Luis Barbosa Cortez

Marco Aurélio Cremasco

Rogerio Lerner

Blucher

LÍQUIDO

As substâncias encantadoras e perigosas que fluem através de nossas vidas

Mark Miodownik

TRADUÇÃO

Marcelo Barbão

Líquido: As substâncias encantadoras e perigosas que fluem através de nossas vidas
Título original: *Liquid: The Delightful and Dangerous Substances That Flow Through Our Lives*
Original English language edition first published by Penguin Books Ltd, London
Text copyright © Mark Miodownik 2016
The author has asserted his moral rights
All rights reserved

Copyright desta edição © Editora Edgard Blücher Ltda., 2021

Publisher Edgard Blücher
Editor Eduardo Blücher
Coordenação editorial Jonatas Eliakim
Produção editorial Isabel Silva
Tradução Marcelo Barbão
Preparação de texto Antonio Castro
Diagramação Taís do Lago
Revisão de texto Bonie Santos
Capa Leandro Cunha
Imagens da capa iStockphoto e Leandro Cunha

Blucher

Rua Pedroso Alvarenga, 1245, 4º andar
04531-934 – São Paulo – SP – Brasil
Tel.: 55 11 3078-5366
contato@blucher.com.br
www.blucher.com.br

Segundo o Novo Acordo Ortográfico, conforme 5. ed. do *Vocabulário Ortográfico da Língua Portuguesa*, Academia Brasileira de Letras, março de 2009.

É proibida a reprodução total ou parcial por quaisquer meios sem autorização escrita da Editora.

Todos os direitos reservados pela Editora Edgard Blücher Ltda.

Dados Internacionais de Catalogação na Publicação (CIP)
Angélica Ilacqua CRB-8/7057

Miodownik, Mark
    Líquido : As substâncias encantadoras e perigosas que fluem através de nossas vidas / Mark Miodownik ; tradução de Marcelo Barbão. – São Paulo : Blucher, 2021.
    296 p. : il.

    Bibliografia
    ISBN 978-65-5506-254-0 (impresso)
    ISBN 978-65-5506-255-7 (eletrônico)
    Título original: *Liquid: The Delightful and Dangerous Substances That Flow Through Our Lives*

    1. Líquidos – Obras populares 2. Ciência dos materiais I. Título II. Barbão, Marcelo

21-1418   CDD 530.42

Índices para catálogo sistemático:
1. Ciência dos materiais

Em memória de minha mãe e meu pai

Conteúdo

Lista de ilustrações 9

Introdução 13

1   Explosivo 23

2   Intoxicante 47

3   Profundo 63

4   Grudento 85

5   Fantástico 107

6   Visceral 123

7   Refrescante 139

8   Limpante 163

9   Refrigerante 185

10   Indelével 205

11   Nublado 221

12   Sólido 239

LÍQUIDO

13 Sustentável 253

Epílogo 267

Leitura complementar 275

Agradecimentos 277

Créditos das imagens 279

Índice remissivo 281

Lista de ilustrações

A estrutura de uma molécula de hidrocarboneto no querosene 24

Uma réplica de uma antiga lâmpada a óleo usada no tempo de Rasis 27

Um inseto patinador de lagoa andando sobre a água 29

A captura de um cachalote, por John William Hill (1835) 33

Uma refinaria de petróleo; as colunas altas são as torres de destilação 35

Uma mistura de moléculas de hidrocarboneto contidas no óleo cru 36

A estrutura molecular da nitroglicerina 38

Uma comparação da estrutura química do metanol e do etanol 49

Vinho tinto em uma taça mostrando o efeito Marangoni 57

O motivo pelo qual algumas coisas flutuam e outras afundam 65

Um homem flutuando no Mar Morto 67

O autor depois de nadar em Forty Foot, em Dublin 69

A chegada de um tsunami 79

Uma antiga pintura de alce-gigante (Megaloceros), a carvão e ocre, em uma caverna em Lascaux, França 87

LÍQUIDO

A estrutura molecular do 2-metoxi-4-metilfenol 89

Uma formiga presa em âmbar, uma resina de árvore fossilizada 90

Como a estrutura da fibrila de colágeno se transforma para virar gelatina

de cola animal 91

A queda de Ícaro 94

A estrutura da borracha natural 96

Como dois líquidos, fenol e formaldeído, criam um adesivo forte 99

Um bombardeiro de Havilland Mosquito, que era feito de madeira

compensada 100

Uma cadeira de madeira compensada projetada por Charles e Ray Eames .. 101

O anel de uma molécula de epóxido sendo aberto por um endurecedor,

permitindo que forme uma cola de polímero 103

Uma molécula de água abrindo uma molécula de cianoacrilato para criar

uma cola de polímero 106

Uma ilustração do momento em que Dorian Gray vê pela primeira vez

seu retrato juvenil 109

Uma linoleogravura, *Secret Lemonade Drinker*, de Ruby Wright 111

A estrutura molecular do 4-ciano-4'-pentilbifenil, comumente usado em

cristais líquidos 112

Uma ilustração da diferença de estrutura entre um cristal, um cristal líquido e

um líquido 113

Um relógio-calculadora da Casio 116

Um típico almoço de companhia aérea 125

A estrutura das mucinas 131

Uma plantação de chá 142

Produtos da Liquid Instant Tea 144

10

Torrando café usando uma pistola de ar quente.. 153

Um esboço de como a cor do grão de café muda durante a torrefação......... 154

Uma cafeteira italiana.. 158

Um dos principais constituintes do sebo, uma molécula chamada

triglicerídio.. 165

O ingrediente ativo no sabão, o estearato... 166

O sabão limpa pela ação de moléculas surfactantes, como os estearatos...... 167

Um dos primeiros anúncios de xampu comercial... 175

Lauril sulfato de sódio (SLS)... 175

A estrutura do ácido láurico, que é frequentemente obtido a partir do óleo

de palma.. 180

A estrutura molecular do CFC freon.. 192

A estrutura molecular de uma molécula de perfluorcarbono....................... 199

Um fragmento do papiro do *Livro dos Mortos do Ourives Amon*,

Sobekmose (1500-1480 a.C.).. 208

Uma tabela das mortes causadas por raios nos Estados Unidos, feita pelo

Serviço Nacional de Meteorologia.. 223

Um molde de gesso de uma das vítimas da erupção do Vesúvio................... 249

O experimento da gota de piche da Universidade de Queensland.............. 254

Como o fluxo de líquido dentro das estradas de asfalto permite que as

rachaduras se regenerem.. 255

O processo de impressão 3D.. 258

As abelhas usavam impressão 3D para construir seus favos de mel muito

antes que os seres humanos descobrissem a técnica................................. 260

O lagarto diabo-espinhoso coleta a água através de sua pele usando materiais

hidrofóbicos e fluxo capilar.. 270

Introdução

Já tive manteiga de amendoim, mel, molho pesto, pasta de dente e, o mais doloroso, uma garrafa de uísque *single malt* confiscados pela segurança do aeroporto. Eu, inevitavelmente, perco o controle em situações como essas. Digo coisas como "quero ver seu supervisor" ou "manteiga de amendoim não é líquido", embora eu saiba que é. Manteiga de amendoim flui e assume a forma de seu recipiente – é isso que os líquidos fazem –, portanto ela é um deles. Mesmo assim, me enfurece que, em um mundo cheio de tecnologia "inteligente", a segurança aérea ainda não perceba a diferença entre um líquido disperso e um líquido explosivo.

Apesar de ser proibido passar com mais de 100 ml de líquido pela segurança nos aeroportos desde 2006, a nossa tecnologia de detecção não melhorou muito desde então. As máquinas de raios X podem ver através da sua bagagem para detectar objetos. Elas alertam a segurança sobre formas suspeitas: distinguem armas de secadores de cabelo e facas de canetas. Mas os líquidos não têm forma. Eles simplesmente assumem a forma daquilo que os contém. A tecnologia de varredura dos aeroportos também é capaz de detectar densidade e uma variedade de elementos químicos. Mas aqui, novamente, há problemas. A composição molecular da nitroglicerina explosiva, por exemplo, é semelhante à da manteiga de amendoim. Ambos são feitos de carbono, hidrogênio, nitrogênio e oxigênio – e, no entanto, um deles é um explosivo líquido enquanto o outro é apenas, bem... delicioso. Há um número gigantesco de toxinas perigosas, venenos, alvejantes e patógenos que são incrivelmente difíceis de distinguir de líquidos mais inocentes de maneira rápida e confiável. E é essa justificativa que ouço de muitos guardas de segurança (e seus supervisores), que geralmente me convencem a concordar – a contragosto – que minha manteiga de amendoim ou um dos outros líquidos que sempre esqueço de tirar da minha bagagem de mão representa um sério risco.

Os líquidos são o *alter ego* das coisas sólidas confiáveis. Enquanto os materiais sólidos são amigos fiéis da humanidade, assumindo formas permanentes de roupas, sapatos, telefones, carros e até mesmo aeroportos, os líquidos são fluidos, assumem qualquer forma, mas apenas enquanto estiverem contidos. Quando não estão contidos, estão sempre em movimento, vazando, corroendo, escorrendo e escapando do nosso controle. Se você colocar um material sólido em algum lugar, ele ficará lá – a não ser que seja tirado à força – muitas vezes fazendo algo muito útil, como segurando um prédio ou fornecendo eletricidade para um local. Já os líquidos são anárquicos: eles adoram destruir coisas. Em um banheiro, por exemplo, ocorre uma batalha constante para evitar que a água se infiltre nas rachaduras e se acumule debaixo do piso, onde nunca faz nada de bom, apodrecendo e abalando as vigas de madeira. Em um piso de ladrilho liso, a água pode provocar escorregões e causar um grande número de ferimentos, e quando se acumula nos cantos do banheiro, pode abrigar fungos negros e bactérias, que podem se infiltrar em nossos corpos e nos deixar doentes. No entanto, apesar de toda essa traição, nós amamos os líquidos; amamos tomar banho ou uma ducha com água, encharcando o corpo inteiro. E que banheiro é completo sem uma cornucópia de sabonetes líquidos engarrafados, xampus e condicionadores, frascos de creme e tubos de pasta de dente? Nós nos encantamos com esses líquidos miraculosos e ainda nos preocupamos com eles: são ruins para nós? Causam câncer? Estragam o ambiente? Com líquidos, prazer e desconfiança andam de mãos dadas. Eles são dúbios por natureza, nem gás nem sólido, mas algo intermediário, inescrutável e misterioso.

Vejamos o mercúrio, por exemplo, que encantou e envenenou a humanidade por milhares de anos. Quando eu era criança, costumava brincar com mercúrio líquido, sacudindo-o em cima da mesa, fascinado por seu aspecto sobrenatural, até que descobri sua toxicidade. Mas em muitas culturas antigas, acreditava-se que o mercúrio prolongava a vida, curava fraturas e mantinha a boa saúde. Não está claro por que isso acontecia – talvez por ser especial, o único metal puro que é líquido à temperatura ambiente. O primeiro imperador da China, Qin Shi Huang, tomou pílulas de mercúrio para melhorar sua saúde, mas morreu aos 39 anos, provavelmente em consequência disso. Mesmo assim, ele foi enterrado em um túmulo cheio de rios de mercúrio líquido. Os gregos antigos usavam mercúrio em pomadas, e os alquimistas acreditavam que uma combinação de mercúrio e outra substância elementar, o enxofre, compunha a base de todos os metais – um equilíbrio perfeito entre o mercúrio e o enxofre criaria o ouro. Foi aí que se originou a crença equivocada de que diferentes metais poderiam ser transmutados em ouro se misturados nas proporções corretas. Apesar de isso ter se mostrado uma lenda, o ouro realmente se dissolve em mercúrio. Se você aquecer esse líquido depois que ele tiver absorvido o metal, ele irá evaporar, deixando para trás um pedaço sólido de ouro. Para a maioria dos povos antigos, esse processo era indistinguível da magia.

LÍQUIDO

O mercúrio não é o único líquido que pode consumir outra substância e contê-la em si mesmo. Adicione sal à água e ele logo desaparecerá – o sal está em algum lugar, mas para onde foi? No entanto, se você fizer o mesmo com óleo, o sal apenas fica lá. Por quê? O mercúrio líquido pode ser capaz de absorver o ouro sólido, mas rejeita a água. Por que isso acontece? A água absorve gases, incluindo o oxigênio, e se isso não acontecesse, viveríamos em um mundo muito diferente – é o oxigênio dissolvido na água que permite que os peixes respirem. E, embora a água não possa transportar oxigênio suficiente para que os humanos respirem, outros líquidos podem. Há um tipo de óleo – perfluorocarbono líquido – que não é muito reativo química e eletricamente. É tão inerte que você pode colocar seu celular em um béquer de perfluorocarbono líquido e ele continuará a funcionar normalmente. O perfluorocarbono líquido também pode absorver oxigênio em concentrações tão altas que os seres humanos conseguem respirar se estiverem envoltos por ele. Esse tipo de líquido respirável – respirar líquido em vez de ar – tem muitos usos possíveis, sendo que um dos mais importantes é tratar bebês prematuros sofrendo de síndrome da angústia respiratória.

Ainda assim, é a água líquida que tem a máxima propriedade de fornecer a vida. Isso ocorre porque ela pode dissolver não apenas o oxigênio, mas também muitos outros produtos químicos, incluindo moléculas de carbono, e dessa maneira fornecer o ambiente aquoso necessário para o surgimento da vida – para que novos organismos surjam espontaneamente. Ou, pelo menos, é essa a teoria. E é por isso que, quando os cientistas buscam vida em outros planetas, procuram água líquida. Mas a água líquida é rara no universo. É possível que Europa, uma das luas de Júpiter, tenha oceanos de água líquida debaixo de sua crosta gelada. Também poderia existir água líquida em Encélado, uma das luas de Saturno.

Mas a Terra é o único corpo no Sistema Solar em cuja superfície muita água está facilmente disponível.

Um conjunto peculiar de circunstâncias em nosso planeta possibilitou as temperaturas e pressões da superfície que podem sustentar a água líquida. Em particular, se não fosse pelo núcleo líquido de metal fundido da Terra, que cria o campo magnético que nos protege do vento solar, provavelmente toda a nossa água teria desaparecido há bilhões de anos. Resumindo, em nosso planeta, líquidos geram líquidos, e isso levou à vida.

Mas os líquidos também são destrutivos. A espuma parece macia porque é facilmente comprimida; se você pular sobre um colchão de espuma, vai sentir que ele cede. Os líquidos não fazem isso. Ao contrário, eles fluem – com uma molécula se movendo para o espaço liberado por outra molécula. Você observa isso em um rio, ou se abre uma torneira, ou se usa uma colher para mexer seu café. Quando você pula de um trampolim e atinge um corpo de água, ela precisa fluir para longe de você. Mas esse fluxo leva tempo, e se a sua velocidade de impacto for muito grande, a água não será capaz de fluir rápido o suficiente, por isso você é rechaçado. É essa força que machuca a sua pele quando você cai de barriga na piscina, e faz com que mergulhar na água de uma grande altura seja como atingir o concreto. Também é por conta da incompressibilidade da água que as ondas podem exercer um poder tão mortal e, no caso dos tsunamis, que eles podem demolir edifícios e cidades, levantando carros como se fossem troncos. Por exemplo, o terremoto no oceano Índico em 2004 desencadeou uma série de tsunamis, matando 230 mil pessoas em catorze países. Foi o oitavo pior desastre natural já registrado.

Outra propriedade perigosa dos líquidos é sua capacidade de explodir. Quando comecei meu doutorado na Universidade de Oxford, tive que preparar pequenos espécimes para o microscópio

LÍQUIDO

eletrônico. Isso envolvia resfriar um líquido chamado solução de eletropolimento a uma temperatura de -20 ºC. O líquido era uma mistura de butoxietanol, ácido acético e ácido perclórico. Outro estudante de doutorado no laboratório, Andy Godfrey, me mostrou como fazer isso e achei que tinha aprendido. Mas, depois de alguns meses, Andy notou que muitas vezes eu deixava a temperatura da solução subir durante o eletropolimento. "Eu não faria isso", ele disse um dia, levantando as sobrancelhas enquanto olhava por cima do meu ombro. Quando perguntei por quê, ele me indicou o manual do laboratório sobre riscos químicos:

> *O ácido perclórico é um ácido corrosivo e destrutivo para o tecido humano. O ácido perclórico pode ser um perigo para a saúde se for inalado, ingerido ou espirrado na pele ou nos olhos. Se aquecido acima da temperatura ambiente ou usado em concentrações acima de 72% (a qualquer temperatura), o ácido perclórico se transforma em um forte ácido oxidante. Os materiais orgânicos são especialmente suscetíveis à combustão espontânea se misturados ou colocados em contato com o ácido perclórico. Os vapores do ácido perclórico podem formar percloratos sensíveis ao choque na tubulação do sistema de ventilação.*

Em outras palavras, pode explodir.

Durante a inspeção do laboratório, encontrei muitos líquidos incolores igualmente transparentes, a maioria indistinguível um do outro. Usamos o ácido fluorídrico, por exemplo, que, além de ser um ácido que pode consumir concreto, metais e carne, também é um veneno de contato que interfere na função nervosa. Isso tem uma consequência insidiosa – a saber, que você não sente o ácido enquanto ele está queimando seu corpo. Exposições acidentais podem facilmente passar despercebidas à medida que o ácido percorre sua pele.

O álcool também se encaixa na categoria de veneno. Apenas em doses elevadas, mas já matou muito mais pessoas do que o ácido fluorídrico. No entanto, o álcool desempenha um papel enorme na sociedade e nas culturas do mundo todo, tendo sido historicamente usado como antisséptico, antitússico, antídoto, tranquilizante e combustível. A principal atração do álcool é que ele deprime o sistema nervoso – é uma droga psicoativa. Muitas pessoas não conseguem funcionar sem sua taça diária de vinho, e a maioria das funções sociais gira em torno de lugares onde há consumo de álcool. Podemos (corretamente) não confiar nesses líquidos, mas os adoramos de qualquer maneira.

Sentimos os efeitos fisiológicos do álcool quando ele é absorvido pela corrente sanguínea. O nosso batimento cardíaco é uma lembrança constante do papel do sangue em nossos corpos e da sua necessidade de circular continuamente: corremos graças ao poder de uma bomba, e quando o bombeamento para, morremos. De todos os líquidos do mundo, sem dúvida o sangue é um dos mais vitais. Felizmente, agora o coração pode ser substituído, contornado e canalizado dentro e fora de nossos corpos. O próprio sangue pode ser adicionado e removido, armazenado, compartilhado, congelado e revivido. E, de fato, sem nossos bancos de sangue, a cada ano milhões de pessoas submetidas a cirurgias, feridas em zonas de guerra ou envolvidas em acidentes de trânsito morreriam.

Mas o sangue pode estar contaminado com infecções como o HIV e a hepatite, e pode prejudicar tanto quanto curar. Assim, devemos levar em consideração a natureza duvidosa do sangue, bem como de todos os líquidos. A questão importante não é se determinado líquido pode ser confiável ou não, se é bom ou ruim, se é saudável ou venenoso, se é delicioso ou desagradável, mas se entendemos o suficiente para aproveitá-lo.

Não há melhor maneira de ilustrar o poder e o prazer que obtemos no controle de líquidos do que dar uma olhada nos envolvidos quando voamos em um avião. E é sobre isso que falamos neste livro: um voo transatlântico e todos os líquidos estranhos e maravilhosos que estão envolvidos nele. Peguei o voo porque não me explodi enquanto fazia meu doutorado, mas em vez disso continuei a fazer pesquisa com ciência dos materiais e acabei me tornando diretor do Institute of Making, na University College London. Ali, parte de nossa pesquisa envolve entender como os líquidos podem se fantasiar de sólidos. Por exemplo, o alcatrão usado para fazer as estradas é, como a manteiga de amendoim, um líquido, embora dê a impressão de ser um sólido. Nossa pesquisa levou a convites para participar de conferências no mundo todo, e este livro é um relato de uma dessas viagens, de Londres a San Francisco.

O voo é descrito pela linguagem de moléculas, batimentos cardíacos e ondas do mar. Meu objetivo é desvendar as misteriosas propriedades dos líquidos e como passamos a confiar neles. O voo nos leva sobre os vulcões da Islândia, à extensão gelada da Groenlândia, aos lagos espalhados pela baía do Hudson e depois para o Sul, pela costa do oceano Pacífico. Essa é uma tela grande o suficiente para discutir os líquidos da escala dos oceanos até as gotículas nas nuvens, além de examinar os curiosos cristais líquidos do sistema de entretenimento a bordo, as bebidas servidas pelos comissários de bordo e, claro, o combustível que mantém um avião na estratosfera.

Em cada capítulo, considero uma parte diferente do voo e as qualidades dos líquidos que o tornaram possível: a capacidade de combustão, dissolução ou fermentação, para citar algumas. Mostro como a absorção, a formação de gotículas, a viscosidade, a solubilidade, a pressão, a tensão superficial e muitas outras propriedades estranhas dos líquidos permitem que voemos ao redor do globo.

E, ao fazer isso, revelo por que os líquidos fluem para o alto de uma árvore, mas descem uma colina; por que o óleo é pegajoso; como as ondas podem viajar tão longe; por que as coisas secam; como os líquidos podem ser cristais; como não se envenenar fazendo bebidas alcoólicas e talvez o mais importante: como fazer a xícara de chá perfeita. Então, por favor, venha e voe comigo, prometo uma viagem estranha e maravilhosa.

1. Explosivo

Assim que as portas da aeronave se fecharam e nos afastamos do portão do aeroporto de Heathrow, uma voz anunciou o início das instruções de segurança antes do voo.

"Boa tarde, senhoras e senhores, e sejam bem-vindos a este voo da British Airways para San Francisco. Antes da nossa partida, pedimos sua atenção enquanto a tripulação de cabine mostra as instruções de segurança a bordo deste avião."

Sempre acho que é uma maneira desconcertante de começar um voo. Tenho certeza de que é tudo falso: as instruções de segurança não são realmente sobre segurança. Para começar, não mencionam as dezenas de milhares de litros de combustível a bordo. É a enorme quantidade de energia contida nesse líquido que nos permite voar. Sua natureza incandescente é o que impulsiona os motores do jato para que sejam capazes de transportar, no nosso caso, quatrocentos passageiros em uma aeronave de 250 toneladas, de uma corrida inicial na pista até a velocidade de cruzeiro de 500 km/h e uma altura de 40 mil pés em questão de minutos. O incrível poder desse líquido alimenta nossos sonhos mais loucos.

LÍQUIDO

Permite que nos elevemos acima das nuvens e viajemos para qualquer lugar do mundo em questão de horas. É a mesma coisa que levou o primeiro astronauta, Yuri Gagarin, ao espaço em seu foguete, e que alimenta a última geração de foguetes SpaceX, que levam satélites para a atmosfera. Esse líquido se chama querosene.

O querosene é um fluido transparente e incolor que, para causar confusão, tem a mesma aparência da água. Então, onde está escondida toda essa energia, todo esse poder oculto? Por que toda essa energia crua dentro do líquido não faz com que pareça mais espesso e perigoso? E por que o querosene não é mencionado nas instruções de segurança pré-voo?

A estrutura de uma molécula de hidrocarboneto no querosene.

Se você ampliasse e desse uma olhada no querosene em escala atômica, veria que sua estrutura é como um espaguete. A espinha dorsal de cada fio é feita de átomos de carbono, com cada um ligado ao outro. Cada carbono está ligado a dois átomos de hidrogênio, exceto nas extremidades da molécula, que possuem três átomos de hidrogênio. Nessa escala, você poderia ver facilmente a diferença entre o querosene e a água. Na água não há uma estrutura de espaguete, mas sim uma confusão caótica de pequenas moléculas em forma de V (um átomo de oxigênio ligado a dois átomos de hidrogênio, H_2O). Nessa escala, o querosene aproxima-se mais do azeite, que também é composto por moléculas à base de carbono, todas misturadas. Mas onde os fios no querosene são mais parecidos com o espaguete, no azeite eles são ramificados e enrolados.

Como as moléculas do azeite têm uma forma mais complexa que as do querosene, é mais difícil para elas passarem umas pelas outras, e assim o líquido flui com menos facilidade – em outras palavras, o azeite é mais viscoso que o querosene. Os dois são óleos, e em um nível atômico têm alguma semelhança, mas, por causa de suas diferenças estruturais, o azeite é grudento, e o querosene flui mais como a água. Tal diferença não determina apenas a viscosidade desses óleos, mas também o quanto são inflamáveis.

O médico e alquimista persa Rasis escreveu sobre a descoberta do querosene em seu *Livro dos segredos* no século IX. Rasis se interessou pelas nascentes naturais da região, das quais não escorria água, mas um líquido denso, negro e sulfuroso. Na época, esse material semelhante ao alcatrão era extraído e usado em estradas, essencialmente como uma forma antiga de asfalto. Rasis desenvolveu procedimentos químicos especiais, que agora chamamos de destilação, para analisar o óleo negro. Ele aqueceu e coletou os gases que eram expelidos. Então resfriou esses gases novamente, transformando-os mais uma vez em líquido. Os primeiros líquidos que extraiu eram amarelos e oleosos, mas, por meio da destilação repetida, viraram uma substância clara, transparente e fluida – Rasis tinha descoberto o querosene.

Na época, ele não poderia saber quanto esse líquido acabaria contribuindo para o mundo, mas já sabia que era inflamável e produzia uma chama sem fumaça. Embora isso possa parecer uma descoberta trivial agora, criar luz interna era um grande problema para toda civilização antiga. As lâmpadas a óleo eram a mais sofisticada tecnologia de produção de luz da época, mas queimar óleo produzia tanta fuligem quanto produzia luz. Lâmpadas a óleo sem fumaça seriam uma inovação revolucionária, tanto que sua importância é imortalizada na história de Aladim, no *Livro das mil e uma noites*. Na história, Aladim encontra uma lamparina a óleo, uma lâmpada mágica. Quando ele a esfrega, liberta um gênio poderoso. Gênios são comuns nos mitos da época e são criaturas sobrenaturais feitas de um fogo sem fumaça; esse gênio em particular é obrigado a obedecer à pessoa que possui a lâmpada – um imenso poder. O significado do novo líquido e sua capacidade de criar uma chama sem fumaça não poderiam ter sido ignorados pelo alquimista Rasis. Então, por que os persas não começaram a usar esse novo destilado? A resposta vem, em parte, da importância que as oliveiras tinham na sua economia e cultura.

No século IX, o azeite de oliva era o combustível preferido das lâmpadas a óleo na Pérsia. As oliveiras floresciam na região, eram tolerantes à seca e produziam azeitonas, que podiam ser transformadas em óleo. Eram necessárias cerca de vinte azeitonas para criar uma colher de chá de azeite, que fornecia uma hora de luz em uma lanterna de óleo típica. Assim, se uma residência média necessitasse de cinco horas de luz por noite, seriam cem azeitonas por dia, ou aproximadamente 36 mil azeitonas por ano, apenas para uma lâmpada. Para produzir óleo suficiente para iluminar o império, os persas precisavam de uma abundância de terra e tempo, uma vez que as oliveiras não costumam produzir frutos antes de completarem vinte anos. Os persas também precisavam proteger suas terras de qualquer um que quisesse aproveitar esse valioso recurso, o que significava que precisavam de cidades organizadas, e isso exigia ainda mais azeitonas para que todos pudessem ter óleo para cozinhar e iluminar. Para sustentar um exército, eles precisavam pagar impostos, o que na Pérsia geralmente significava dar ao governo uma porcentagem de sua colheita de azeitonas. Então, dá para perceber que o azeite de oliva foi fundamental para a sociedade e a cultura persas, como era para todas as civilizações do Oriente Médio, até que fosse encontrada uma fonte alternativa de energia e receita tributária. Os experimentos de Rasis provaram que estava logo abaixo dos pés deles, mas ficaria lá por mais mil anos.

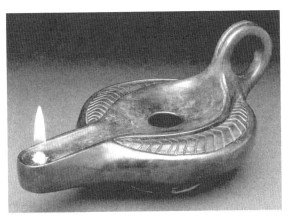

Uma réplica de uma antiga lâmpada a óleo usada no tempo de Rasis.

Nesse meio-tempo, as lâmpadas de óleo evoluíram. O design de uma lamparina a óleo do século IX parece simples, mas é incrivelmente sofisticado. Pense em uma tigela de azeite. Se você simplesmente tentar acendê-lo, descobrirá que é bem difícil. Isso porque o azeite tem um ponto de ebulição muito alto. O ponto de ebulição de um líquido inflamável é a temperatura na qual ele reage espontaneamente com o oxigênio do ar e começa a queimar. Para o azeite, é 315 ºC, por isso cozinhar com azeite é tão seguro. Se você derramar em sua cozinha, não vai pegar fogo. Além disso, para fritar a maioria dos alimentos, você só precisa chegar a uma temperatura de cerca de 200 ºC, que ainda está cem graus abaixo do ponto de ebulição do azeite, por isso é fácil cozinhar sem queimar o óleo.

Mas, a 315 ºC, sua tigela de azeite vai pegar fogo e, ao fazer isso, criará muita luz. Isso não é apenas incrivelmente perigoso, mas as chamas serão de curta duração. Vão consumir todo o combustível

LÍQUIDO

muito depressa. Você certamente está pensando que há uma maneira melhor de queimar azeite para conseguir luz. E ela de fato existe. Se você pegar um pedaço de barbante, mergulhar no óleo, deixar a ponta acima da superfície e acendê-lo, uma chama brilhante será criada na ponta do barbante sem precisar aquecer o pote cheio de óleo. Não é o barbante que cria a chama, é o óleo que sai do barbante. Isso é engenhoso, mas fica ainda melhor. Se você continuar a deixá-la queimar, a chama não descerá até o óleo – em vez disso, o óleo subirá pelo barbante, só queimando quando chegar ao topo. Esse sistema pode manter a chama por horas: na verdade, enquanto houver óleo na tigela. É um processo chamado absorção e parece milagroso – o óleo é capaz de desafiar a gravidade e se mover de forma autônoma –, mas é um princípio básico dos líquidos e é possível porque eles possuem algo chamado tensão superficial.

O que dá aos líquidos a capacidade de fluir é sua estrutura – eles são um estado intermediário entre o caos do gás e a prisão estática (para as moléculas) dos sólidos. Nos gases, as moléculas têm energia térmica suficiente para se separar e se mover de forma autônoma. Isso torna os gases dinâmicos – eles expandem para preencher o espaço disponível –, mas eles quase não têm estrutura. Nos sólidos, a força de atração entre os átomos e as moléculas é muito maior do que a energia térmica que eles possuem, fazendo com que se unam. Assim, os sólidos têm muita estrutura, mas pouca autonomia – quando você pega uma tigela, todos os átomos da tigela vêm junto, como um único objeto. Os líquidos são um estado intermediário entre os dois. Os átomos têm energia térmica suficiente para quebrar alguns dos laços com seus vizinhos, mas não suficiente para quebrar todos e se tornarem um gás. Assim, estão presos no líquido, mas são capazes de se mover dentro dele. É isto que é um líquido: uma forma de matéria na qual as moléculas nadam, criando e quebrando conexões umas com as outras.

28

As moléculas na superfície de um líquido experimentam um ambiente diferente daquele que existe dentro do líquido. Não estão completamente cercadas por outras moléculas, então experimentam, em média, menos ligações do que as que existem no meio do líquido. Esse desequilíbrio de forças entre a superfície e o interior do líquido cria uma força de tensão chamada tensão superficial. A força é pequena, mas ainda é grande o suficiente para se opor à força da gravidade em pequenas coisas: é por isso que alguns insetos são capazes de "andar" na superfície das lagoas.

Um inseto patinador de lagoa andando sobre a água.

Olhe atentamente para um inseto enquanto ele "anda" sobre a água e você verá que suas pernas são repelidas pelo líquido – isso acontece porque a tensão superficial entre a água e as pernas do inseto gera uma força repulsiva que age contra a gravidade. Algumas interações líquido-sólido fazem o oposto e criam uma força molecular de atração. Isso vale para a água e o vidro. Pegue um copo de água e você verá que as bordas da água são puxadas para cima onde se encontram com o vidro. Chamamos isso de menisco e também é um efeito de tensão superficial.

As plantas dominaram esse mesmo truque. Elas puxam a água contra a força da gravidade com seus corpos a partir do solo, usando um sistema de pequenos tubos que correm através de suas raízes, caules e folhas. À medida que os tubos se tornam microscópicos, aumenta também a relação entre a superfície interna do tubo e o volume de líquido, aumentando o efeito. Por isso, os fabricantes vendem panos de microfibra para limpeza de janelas que possuem microcanais semelhantes aos de uma planta. Eles sugam a água, permitindo que o tecido limpe com mais eficiência. Os panos de cozinha removem os líquidos derramados usando o mesmo mecanismo. Todos são exemplos de "absorção", o mesmo efeito de tensão superficial que permite que o óleo suba por um barbante – ou, mais precisamente, um pavio.

Sem a absorção, as velas não funcionariam. Quando você acende o pavio de uma vela, o calor derrete a cera e cria uma poça de cera derretida. Essa cera líquida percorre o pavio através de microcanais até a chama, alimentando, assim, a chama com um novo suprimento de cera líquida para queimar. Se você escolher o material certo para o pavio, a chama vai queimar forte o suficiente para manter uma piscina de cera líquida e garantir um fluxo constante de combustível. Esse sistema enganosamente complexo é autorregulado e requer tão pouca contribuição nossa que já não consideramos as velas aparatos tecnológicos, mas é exatamente isso que elas são.

Por milhares de anos, no mundo todo, a absorção proporcionou o principal mecanismo para a iluminação interna, fosse em velas ou lâmpadas a óleo. Sem essas duas tecnologias, à noite o mundo cairia em uma escuridão sombria. Como é de se esperar, as lamparinas a óleo eram populares em lugares onde havia óleo em abundância, enquanto as velas eram usadas onde a cera ou a gordura animal estavam mais facilmente disponíveis. No entanto, por mais engenhosas que fossem, as velas e as lâmpadas a óleo tinham suas desvantagens: obviamente havia o risco de incêndio, mas também a produção de fuligem, o fraco brilho da chama, o cheiro e o custo. Essas deficiências significavam que sempre havia pessoas procurando formas melhores, mais baratas e mais seguras de fornecer luz interna. A descoberta do querosene por Rasis no século IX teria sido a solução, se alguém tivesse percebido isso.

A bordo do avião, as instruções de segurança pré-voo estavam a todo vapor e os comissários também ignoravam a importância do querosene. Não haviam feito a menor menção até aquele momento, embora esse material revolucionário estivesse, naquele exato instante, sendo bombeado para dentro dos motores a jato sob as asas do avião para mover nossa aeronave enquanto ela taxiava para a pista. Em vez disso, eles estavam falando sobre o que fazer no caso de "perda de pressão da cabine". Como inglês, agradeço a natureza atenuada dessa frase. Não parece grande coisa, mas o que isso significa é que, ao navegar em grande altitude, se aparecesse de repente um buraco ou uma rachadura na cabine, todo o ar seria sugado para fora do avião, junto com qualquer um que não estivesse preso em seu assento. Não haveria oxigênio suficiente para respirar normalmente, por isso existem as máscaras de oxigênio que são projetadas para cair do teto. O avião imediatamente iniciaria uma descida acentuada para atingir altitudes menores, onde há mais oxigênio. Qualquer um que continuasse vivo até esse ponto estaria a salvo.

A falta de oxigênio também era um problema para as antigas lâmpadas a óleo. O *design* não permitia que chegasse oxigênio suficiente ao combustível para que queimasse por completo, razão pela qual a chama emitia uma luz relativamente baixa. Esse foi um problema até o século XVIII, quando um cientista suíço chamado Ami Argand inventou um novo tipo de lâmpada a óleo que usava um pavio em forma de manga protegido por um escudo de vidro transparente. Foi projetado para que o ar pudesse passar pelo meio da chama, melhorando radicalmente a quantidade de oxigênio fornecida e, assim, a eficiência e o brilho das lâmpadas a óleo, tornando-as equivalentes a seis ou sete velas. Essa inovação levou a muitas outras e, finalmente, ficou claro que o azeite de oliva e outros óleos vegetais não eram os melhores combustíveis. Para conseguir uma luz mais brilhante, eram necessárias temperaturas mais altas e, para isso, uma absorção mais rápida, e a velocidade da absorção é determinada pela tensão superficial e pela viscosidade do líquido. Tentar encontrar óleos baratos, mas que também tivessem baixa viscosidade, levou a mais experimentos e, infelizmente, à morte de muitas baleias.

O óleo de baleia é produzido por tiras ferventes de gordura de baleia. O óleo que a banha libera tem uma cor clara de mel. Não é bom para cozinhar ou comer por causa do seu forte sabor de peixe, mas, com um ponto de ebulição de 230 °C e baixa viscosidade, é muito bom para as lâmpadas a óleo.

O uso do óleo de baleia nas lâmpadas Argand disparou no final do século XVIII, especialmente na Europa e na América do Norte. Entre 1770 e 1775, os baleeiros de Massachusetts produziram 45 mil barris de óleo de baleia por ano para atender à demanda. A caça às baleias tornou-se uma grande indústria, alimentada pela necessidade de iluminação interna, e algumas espécies de baleias foram quase levadas à extinção por essa demanda. Estima-se que, no século XIX, mais de 250 mil baleias tenham sido mortas por seu óleo.

A captura de um cachalote, *por John William Hill (1835).*

Isso não poderia continuar, e ainda assim, a demanda por iluminação interior aumentava. À medida que as populações cresciam e enriqueciam, a educação se tornava mais importante, a cultura da leitura e do entretenimento depois do anoitecer ficava mais comum e a demanda por óleos aumentava, assim como a pressão sobre inventores e cientistas para encontrar maneiras de atender a essa necessidade. Entre eles estava James Young, um químico escocês que, em 1848, descobriu uma maneira de extrair um líquido do carvão que tinha excelentes propriedades para queimar em uma lâmpada a óleo. Young chamou seu óleo de parafina líquida. Um inventor canadense, Abraham Gesner, fez a mesma coisa e chamou seu produto de querosene. Essas descobertas podem não ter sido muito importantes, mas, como se viu, elas precederam por pouco o início da Guerra Civil Americana. Os navios baleeiros tornaram-se alvos militares e os impostos sobre outros óleos de lâmpadas criaram uma oportunidade para que essa nova indústria do querosene encontrasse uma base segura. Mas ela realmente não decolou até que os inventores começaram a experimentar, não com o carvão, mas com o óleo negro que podia ser encontrado perto de minas de carvão. Esse óleo cru, que precisava ser bombeado do solo, é uma substância preta, fedorenta e pegajosa. Mas antes que pudessem usá-la, tinham que aproveitar a destilação, um truque antigo usado pela primeira vez por Rasis – que provou ser extremamente lucrativo. Agora o gênio realmente tinha saído da lâmpada.

Enquanto isso, a bordo do meu avião, ninguém tinha falado sobre o querosene ainda. As instruções de segurança haviam chegado perto das saídas de emergência e o comissário de bordo na minha frente estava estendendo os braços, os dedos apontados para identificar a localização das portas. Havia duas saídas atrás de mim e duas na frente do avião, e duas sobre as asas, me disseram. Eu queria acrescentar: "E há 50 mil litros de querosene no tanque debaixo dos nossos pés e outros 50 mil litros armazenados em cada uma das duas asas da aeronave". Devo ter murmurado algo nesse sentido, porque atraí a atenção da minha vizinha, cujo nome, descobri mais tarde, era Susan. Pela primeira vez desde que entrara no avião, Susan tirou os olhos do seu livro. Ela olhou para mim por um breve momento por cima de seus óculos de aros vermelhos e depois voltou para sua leitura. Seu olhar deve ter durado menos de um segundo, mas falou muito. Dizia: "Relaxe. Voar é a forma mais segura de fazer viagens de longa distância – você sabia que diariamente há mais de um milhão de seres humanos voando na estratosfera? –, a chance de acontecer algo ruim é minúscula. Não, é menor que minúscula. Sente-se. Relaxe. Leia um livro". Eu sei que é muita informação para ser transmitida apenas por um olhar, mas, acredite, o dela disse tudo isso.

Uma refinaria de petróleo; as colunas altas são as torres de destilação.

Para o bem ou para o mal, porém, tudo em que eu conseguia pensar era no querosene e no notável truque que os inventores de meados do século XIX usaram para transformar o óleo cru: a destilação. Para destilar o óleo, Rasis usava um aparelho chamado alambique, que é o que, nos tempos modernos, chamamos de torre de destilação – as torres que vemos nas refinarias de petróleo.

O óleo cru é uma mistura de moléculas de hidrocarbonetos de formas diferentes, algumas longas como espaguete, algumas menores e mais compactas, outras ligadas em anéis. A espinha dorsal de cada molécula é feita de átomos de carbono, com cada um ligado ao outro. Cada átomo de carbono também tem dois átomos de hidrogênio ligados a ele, mas há uma grande variedade de formas e tamanhos: as moléculas variam de apenas cinco átomos de carbono a centenas. Há poucas moléculas de hidrocarbonetos com menos de cinco átomos de carbono, no entanto, porque moléculas tão pequenas tendem a existir como gases: são chamadas de metano, etano e butano. Quanto mais comprida a molécula, mais alto é o seu ponto de ebulição, então é mais provável que seja líquido em temperatura ambiente. Isso é verdade para moléculas de hidrocarbonetos formadas por até quarenta átomos de carbono. Se forem maiores do que isso, dificilmente podem fluir e se transformam em alcatrão.

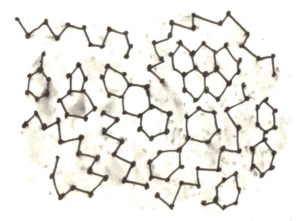

Uma mistura de moléculas de hidrocarboneto contidas no óleo cru (apenas os átomos de carbono são mostrados).

Na destilação do óleo cru, as moléculas menores são extraídas primeiro. Moléculas de hidrocarbonetos com 5 a 8 átomos de carbono formam um líquido claro e transparente que é extremamente inflamável; tem um ponto de ebulição de −45 ºC, o que significa que ele vai queimar facilmente mesmo a temperaturas abaixo de zero. Tão facilmente, na verdade, que colocar esse líquido em uma lâmpada a óleo é bastante perigoso. Assim, nos primórdios da indústria petrolífera, era descartado como um resíduo. Mais tarde, quando começamos a entender melhor as virtudes desse líquido, ele foi sendo mais apreciado, especialmente pela maneira como se misturava com o ar e inflamava, produzindo gás quente o suficiente para acionar um pistão. Mais tarde, foi chamado de gasolina, e começamos a usá-lo para abastecer os motores movidos a esse óleo.

As moléculas maiores de carbono, com 9 a 21 átomos de carbono, formam um líquido claro transparente com um ponto de ebulição mais alto que o do petróleo. Evapora a uma taxa lenta e, portanto, é mais difícil de inflamar. Mas, como cada molécula é bastante grande, quando ela reage com o oxigênio, libera muita energia na forma de gás quente. Não vai inflamar, no entanto, a menos que seja pulverizado no ar, e pode ser comprimido a uma alta densidade antes de explodir em chamas. Esse foi o princípio que Rudolf Diesel descobriu em 1897, dando seu nome ao líquido que forma a base de sua tremenda invenção: o melhor motor do século XX.

Mas, nos primórdios da indústria petrolífera, em meados do século XIX, os motores a diesel ainda não tinham sido inventados e havia a necessidade urgente de uma substância inflamável para as lâmpadas a óleo. Enquanto procuravam por esse óleo, os produtores criaram um líquido que tinha moléculas de carbono com 6 a 16 átomos de carbono. Esse líquido está entre a gasolina e o diesel. Possui as virtudes do diesel – não evapora tão rapidamente a ponto de formar misturas explosivas –, mas é um fluido com uma viscosidade muito baixa, semelhante à da água. Como resultado, flui muito bem, permitindo que a chama seja muito brilhante. Era barato e eficaz e não dependia de oliveiras ou baleias. Era o querosene, o óleo para lâmpadas perfeito.

Mas é seguro? Minha mente vagou – eu estava tentando relaxar de acordo com as instruções implícitas de Susan –, mas agora minha atenção tinha voltado aos comissários de bordo. Eles haviam chegado às instruções de segurança sobre os coletes salva-vidas. Agora estavam todos colocando um colete, enquanto fingiam soprar um apito. Fiquei imaginando como seria sobreviver a um pouso de emergência no mar e flutuar na água, talvez à noite, tentando soprar o apito. Também fiquei pensando o que aconteceria com o querosene em nossos tanques de combustível no caso de um acidente desse tipo. Poderia explodir?

Conheço um líquido que certamente explodiria: nitroglicerina. Como o querosene, a nitroglicerina é um líquido incolor, oleoso e transparente. Foi sintetizado pela primeira vez pelo químico italiano Ascanio Sobrero em 1847. Não o matou, o que é um milagre, porque é uma substância química muito perigosa e instável que pode explodir inesperadamente. Ascanio ficou tão assustado com os potenciais usos do que havia descoberto que não fez nenhum comentário sobre isso por um ano e até tentou impedir que outros o produzissem. No entanto, seu aluno Alfred Nobel enxergou o potencial: pensou que poderia substituir a pólvora. Terminou conseguindo criar a nitroglicerina de uma forma relativamente segura. Alfred transformou o líquido em um sólido que não explodiria de forma acidental (embora tenha matado seu irmão Emil), e assim criou a dinamite. Isso transformou a indústria de mineração, gerando uma fortuna para ele. Antes da dinamite, as empresas mineradoras usavam o trabalho manual para escavar seus túneis, poços e cavernas. Alfred usou sua fortuna – ou, pelo menos, uma parte dela – para criar o prêmio internacional mais famoso do mundo, o Prêmio Nobel.

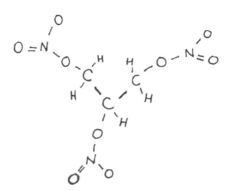

A estrutura molecular da nitroglicerina.

Como a gasolina, o diesel e o querosene, a nitroglicerina é feita de carbono e hidrogênio. Mas também vem com extras: átomos de oxigênio e nitrogênio. A presença desses átomos e suas posições dentro da molécula tornam a nitroglicerina instável. Se a molécula estiver sob pressão por contato ou vibração, pode facilmente desmoronar. Quando isso acontece, os átomos de nitrogênio se juntam para formar um gás, e os átomos de oxigênio na molécula reagem com o carbono para formar dióxido de carbono, outro gás. Também reagem com o hidrogênio para formar vapor, e o que sobra forma ainda mais gás oxigênio. À medida que a molécula se decompõe, cria uma onda de choque na nitroglicerina, que faz com que as moléculas vizinhas também desmoronem, criando mais gás e sustentando a onda de choque. Em última análise, todas as moléculas de nitroglicerina se decompõem em uma reação em cadeia que ocorre a trinta vezes a velocidade do som, transformando o líquido em um gás quente de forma quase instantânea. Esse gás tem um volume mil vezes maior que o volume do líquido e assim se expande rapidamente, causando uma explosão enorme e quente. Grande parte da devastação da Segunda Guerra Mundial foi causada pelo uso generalizado de explosivos à base de nitroglicerina.

O limite de 100 ml para os líquidos transportados nos aviões é pensado para impedir que alguém traga a bordo uma quantidade de algum explosivo líquido, como a nitroglicerina, suficiente para destruir um avião. Essa quantidade de nitroglicerina ainda explodirá, é claro, mas não com energia suficiente para derrubar a aeronave. Mesmo assim, é preocupante pensar que o querosene contém dez vezes mais energia por litro do que a nitroglicerina e que existem dezenas de milhares de litros nos tanques de combustível de um avião.

O querosene não é um explosivo – ou seja, não explodirá espontaneamente. Ao contrário da nitroglicerina, não possui átomos

LÍQUIDO

de oxigênio e nitrogênio em sua estrutura molecular. É uma molécula estável que não se decompõe com facilidade. Você pode agitar, jogar ou tomar um banho com ele e não vai explodir. Ao contrário de sua prima menos poderosa, a nitroglicerina, se você quiser aproveitar o poder do querosene, tem que trabalhar – precisa fazer com que ele reaja com o oxigênio. À medida que o querosene e o oxigênio reagem, eles criam dióxido de carbono e vapor, mas, como a reação é limitada pelo acesso ao oxigênio, a combustão pode ser controlada.

O enorme poder do querosene e nossa capacidade de queimá-lo de maneira controlada são os fatores que o tornam um líquido tão importante tecnologicamente. Hoje, a civilização global queima cerca de 1 bilhão de litros de querosene por dia, principalmente em motores a jato e foguetes espaciais, embora também ainda seja usado para iluminação e aquecimento em muitos países. Na Índia, por exemplo, mais de 300 milhões de pessoas usam lâmpadas a óleo de querosene para iluminar suas casas.

Ainda assim, por mais que gostemos de pensar que controlamos o querosene, há um lado sinistro nele. Os horrores de 11 de setembro de 2001 são um exemplo disso. Naquele dia eu estava em casa, olhando incrédulo para a televisão. Na verdade, não me lembro se vi imagens ao vivo do segundo avião voando para uma das Torres Gêmeas ou se o que vi foi uma reapresentação da notícia, mas fiquei surpreso. Fiquei olhando perplexo para a televisão tentando compreender a cena. Os dois prédios estavam em chamas e havia relatos de outros aviões voando para alvos em outros lugares. Parecia que as coisas não poderiam piorar, e então elas pioraram: a primeira torre caiu, entrando em colapso no tipo de movimento lento que apenas objetos gigantescos conseguem fazer. E, depois, a segunda torre caiu. Estávamos prontos para isso desta vez, mas não foi menos entorpecedor.

40

Foi o combustível das aeronaves que causou o colapso das torres. Não foi uma explosão, porque o querosene é estável. De acordo com o relatório do FBI, o querosene reagiu com o oxigênio dos ventos que sopravam pelos andares danificados do edifício, elevando a temperatura nesses andares para mais de 800 ºC. Isso não derreteu a armação de aço do edifício – o aço derrete a temperaturas superiores a 1500 ºC – mas a 800 ºC, a resistência do aço diminui para aproximadamente metade de sua resistência original, por isso ele começou a se curvar. Quando um dos pisos se dobrou, o peso de todo o prédio acima dele desabou sobre o andar inferior, fazendo com que este se curvasse, e assim por diante, como um castelo de cartas. No total, mais de 2.700 pessoas morreram no colapso das Torres Gêmeas, incluindo 343 bombeiros de Nova York. Esses ataques terroristas foram um momento significativo na história do mundo, não apenas porque iniciaram guerras e todos os horrores que as acompanham, mas porque a queda daquelas torres foi um símbolo muito poderoso da fragilidade da civilização democrática. E o ingrediente ativo daquele momento de destruição foi o querosene dos aviões.

Então, dá para entender por que acho que poderiam mencioná-lo nas instruções de segurança. Mas as nossas já tinham acabado, e não disseram nada sobre os 150 mil litros de querosene a bordo, nem comentaram sobre sua dupla natureza: como, por um lado, é um óleo transparente perfeitamente comum, tão estável que se poderia jogar um fósforo aceso no tanque de combustível e não queimaria. Por outro, misturado com a quantidade certa de oxigênio, torna-se um óleo dez vezes mais potente que a nitroglicerina explosiva. Minha vizinha, Susan, não parecia incomodada com isso; ela ainda estava com a cara enfiada em seu livro.

Embora o querosene não seja mencionado explicitamente nas instruções de segurança pré-voo, não posso deixar de pensar que, de qualquer forma, ele está oculto ali. Se você pensar nisso, as instruções de segurança são o único ritual global que todos compartilhamos, qualquer que seja nossa etnia, nacionalidade, sexo ou religião. Todos participamos dele antes que o querosene se inflame e o avião decole. Os perigos para os quais as instruções advertem, como o pouso na água, são tão raros que, mesmo que você voasse todos os dias por uma vida inteira, dificilmente iria experimentar algo assim. Então, esse não é o objetivo verdadeiro. Como todos os rituais, a linguagem é codificada e envolve uma série especial de ações e o uso de adereços. Nos rituais religiosos, esses adereços geralmente são velas, queimadores de incenso e cálices; no ritual de segurança pré-voo são máscaras de oxigênio, coletes salva-vidas e cintos de segurança. A mensagem do ritual pré-voo é esta: você está prestes a fazer algo que é extremamente perigoso, mas os engenheiros tornaram tudo quase cem por cento seguro. O "quase" é enfatizado por todas as ações elaboradas envolvendo os acessórios mencionados anteriormente. O ritual traça uma linha entre a sua vida normal, em que você é responsável pela sua própria segurança, e a sua atual, em que você está cedendo o controle a um conjunto de pessoas e seus sistemas de engenharia enquanto eles usam um dos líquidos mais impressionantes do planeta para levá-lo pela atmosfera até um destino de sua escolha. Em outras palavras, você precisa confiar totalmente neles, sua vida está nas mãos deles. Assim, esse ritual, realizado antes de cada voo, é realmente uma cerimônia de confiança.

Quando a tripulação de cabine começou a caminhar pelos corredores, checando ostensivamente se os cintos de segurança dos passageiros estavam bem encaixados e as malas guardadas, eu sabia que o ritual de segurança estava chegando ao fim – essa era a bênção final. Balancei a cabeça para a aeromoça solenemente. O avião tinha chegado à pista e começara o procedimento de decolagem, e o conhecimento acumulado de mais de mil anos seria utilizado para transformar o querosene líquido em voo.

Se você alguma vez encheu uma bexiga e depois a soltou, permitindo que voasse zunindo por uma sala, tem uma boa noção de como funciona um motor a jato. Quando o ar comprimido dispara para fora em uma direção, a bexiga é impulsionada para o lado contrário: essa é a terceira lei do movimento de Newton, que afirma que toda ação tem uma reação igual e oposta. Mas armazenar gás comprimido suficiente para mover uma aeronave seria bastante ineficiente. Felizmente, o engenheiro britânico Frank Whittle descobriu como resolver esse problema. Ele calculou que, como o céu já está cheio de gás, um avião não precisa carregá-lo, só tem que comprimir o gás que já está no céu enquanto voa e soltar pela parte de trás. Tudo que você precisa é de uma máquina para comprimir o ar. Esse compressor é o que você vê embaixo da asa ao embarcar em um avião – parece um ventilador gigante, e é, mas o que você não pode ver é que dentro dele há dez ou mais ventiladores, cada um menor que o outro. O trabalho deles é sugar o ar e comprimi-lo. A partir daí o ar comprimido vai para a câmara de combustão, no meio do motor, onde é misturado com querosene e inflamado, produzindo um jato de gás quente que sai pela parte de trás do motor. A genialidade do projeto é que, ao sair do motor, parte da energia do ar é usada para girar um conjunto de turbinas – e são essas turbinas que giram os compressores na frente do motor. Em outras palavras, o motor coleta energia do gás quente que usa para coletar e comprimir mais ar enquanto voa pelo céu.

O ar saindo pela parte traseira do motor permitiu que nosso avião, que pesava aproximadamente 250 toneladas, ganhasse velocidade. É sempre difícil perceber como você está indo rápido quando está olhando pela janela de um avião em alta velocidade. As asas balançam e oscilam desajeitadamente a cada saliência da

LÍQUIDO

pista, sem dar nenhuma dica da engenharia elegante que exibirão quando estiverem no ar. A 130 km/h, a intensidade dos rangidos e chiados da cabina começa a aumentar de forma preocupante. Se eu nunca tivesse voado em um avião, a essa altura duvidaria que algum dia sairíamos do chão.

E, no entanto, a energia incorporada no querosene nos impulsionava cada vez mais rápido; um combustível com mais potência do que a nitroglicerina estava sendo aproveitado a uma taxa de quatro litros por segundo. Agora nossa aeronave estava chegando ao final da pista de três quilômetros de comprimento, viajando a 260 km/h. Este é, certamente, o momento mais perigoso de um voo. Não havia mais pista e, se não decolássemos logo, iríamos direto para os prédios, com milhares de litros de querosene líquido em nossos tanques de combustível. Mesmo assim, majestosamente, como um ganso decolando de um lago, subimos para o céu, deixando para trás todos os edifícios, carros e pessoas no chão em questão de segundos. Este é o momento de que mais gosto quando voo – especialmente quando se trata de cruzar as nuvens baixas de Londres e ser atingido pelo sol brilhante, como fizemos naquele dia. Sinto como se entrasse em outro reino da existência e nunca me canso disso.

Um avião é, de certo modo, a lâmpada mágica moderna. Seu gênio é o querosene, que lhe concederá o desejo de ir a qualquer lugar do mundo, levando-o não em um tapete mágico, mas em algo ainda melhor, uma cabine que o protege do frio e do vento extremo e é confortável o suficiente para que você possa relaxar, até dormir, durante a sua viagem.

Claro que, como todos os gênios, ele tem um lado sombrio. Nós nos apaixonamos pelo poder do querosene, mas voar e, na verdade, o uso de outros produtos dependentes do óleo cru estão causando estragos no clima do mundo inteiro, que está se aquecendo rapidamente – o resultado das emissões de dióxido de carbono que a queima de óleos como o querosene produz. Em termos globais, atualmente consumimos 16 bilhões de litros de petróleo por dia. Se seremos inteligentes o bastante para encontrar uma maneira de colocar o gênio de volta na garrafa é certamente uma das questões mais importantes do século XXI.

Mas, acima das nuvens, eu não estava, para ser sincero, pensando nisso. Na verdade, estava maravilhado com as nuvens e ansioso para tomar uma bebida do carrinho, que agora passava alegremente pelo corredor.

2. Intoxicante

Ao atingirmos a altitude de cruzeiro – 40 mil pés, o que corresponde a cerca de 12 mil metros –, eu estava realmente me divertindo, olhando do meu assento na janela para uma camada de nuvens, com o sol brilhando por cima delas e iluminando a cabine. Virei a cabeça para o lado e encontrei o olhar de minha vizinha, que espiava pela janela também.

"Não seria ótimo pular agora e mergulhar naquelas nuvens fofinhas e quentes?", perguntei.

"Elas não são quentes", disse ela.

"Hum, não. Você está certa", falei. "Desculpe."

Ah, meu Deus, eu realmente disse isso?, pensei. Poderia ser o vinho? Já tinha subido para a minha cabeça? Examinei o rótulo da minha garrafinha de plástico verde, que declarava que o líquido que eu estava bebendo era um vinho da Austrália, feito de uvas Chardonnay. Era descrito como "encorpado, com um acabamento amanteigado de baunilha". Dei um gole para ver se podia sentir o gosto da baunilha. Não consegui. Havia um pouco de acidez e algo

LÍQUIDO

floral. Inspecionei o rótulo novamente. O vinho continha 13% de álcool.

Quimicamente, os álcoois são similares ao querosene: para começar, eles queimam, como você deve ter visto se já pediu uma sobremesa flambada. O conhaque costuma ser usado para pratos sofisticados porque tem uma porcentagem alta de álcool: tipicamente 40%, e é isso que queima com uma chama azulada sobre a sua sobremesa.

O álcool puro é fácil de queimar e, de fato, é usado como combustível para carros. O Brasil é o principal produtor de álcool a partir de cana-de-açúcar, que usa como combustível de transporte. O país é considerado uma das economias de biocombustíveis mais sustentáveis do mundo, com alguma medida de álcool sendo usada para abastecer 94% dos veículos brasileiros de passageiros. O líquido é feito a partir da transformação da cana-de-açúcar em suco e, depois, da fermentação desse suco. É o mesmo processo pelo qual o vinho e a cerveja são feitos: o fermento consome o açúcar e produz álcool. Mas, com os biocombustíveis, o álcool é depois refinado em álcool puro. O biocombustível não é tão popular em outras partes do mundo como é no Brasil, em parte porque produzir outros combustíveis fósseis é muito mais barato, mas também porque é preciso ter muita terra para produzir álcool na escala necessária para sustentar os sistemas de transporte de países inteiros. Assim, no mundo todo, o cultivo de álcool tem como principal objetivo o consumo de bebidas.

O álcool é um dos componentes principais de algumas das bebidas mais populares do mundo, como o vinho, a cerveja e os destilados, mas é tóxico. É essa toxicidade que torna essas bebidas tão intoxicantes – é daí que vem a palavra. As toxinas do álcool suprimem o sistema nervoso, causando perda de funções cognitivas, de funções motoras e de controle. É surpreendente que, apesar

48

desses sérios efeitos fisiológicos, a intoxicação leve seja muito agradável. No meu caso, ela me deixa menos tenso, menos preocupado, me faz sorrir e, em doses mais altas, dançar mal sem inibição. Na verdade, não tem nada melhor que uma bebida inebriante no final de uma longa semana de trabalho. "Beba-me", diz uma garrafa de vinho, "e por um tempo o mundo não será o mesmo".

Álcool é um nome genérico para uma família de moléculas de hidrocarbonetos semelhantes à gasolina e ao diesel, mas com um átomo extra de hidrogênio e um de oxigênio ligados a elas. Esses átomos extras são chamados de grupo hidroxila. Diferentes tipos de álcoois existem em diferentes tamanhos moleculares: o álcool que bebemos tem dois átomos de carbono e é chamado de etanol. É uma molécula polar, o que significa que há uma separação de sua carga elétrica. No caso dos álcoois, isso é causado pelo grupo hidroxila. As moléculas de água também têm um grupo hidroxila e também são polares. É por essa semelhança que o etanol se dissolve na água. Quando o rótulo de uma garrafa diz qual é o percentual alcoólico da bebida, está dizendo a quantidade de etanol dissolvido que você está prestes a consumir. No caso do Chardonnay que eu estava tomando, a resposta era 13%.

Uma comparação da estrutura química do metanol e do etanol – ambos são álcoois. O metanol tem um átomo de carbono, enquanto o etanol tem dois. Ambas são moléculas polares contendo um grupo hidroxila – o OH no final. A água também é polar, e essa semelhança permite que tanto o metanol quanto o etanol se misturem bem a ela.

Enquanto, por um lado, uma molécula de álcool é semelhante à água, por outro, o esqueleto do hidrocarboneto é semelhante à estrutura dos óleos e das moléculas gordurosas que revestem as células do corpo. É essa semelhança que permite que o etanol contorne as defesas das membranas celulares e, sendo pequeno, esgueire-se pela parede celular do estômago e entre diretamente na corrente sanguínea. Aproximadamente 20% do etanol que você ingere quando bebe vinho atravessa a parede do estômago e vai diretamente para a corrente sanguínea, e é por isso que você pode sentir os efeitos do álcool quase imediatamente após ingeri-lo.

Isso poderia explicar minha observação ridícula para Susan, pensei, e rapidamente olhei para ela para ver se estava irritada. Estava absorta em seu romance. Tinha cabelos grisalhos e curtos, usava óculos de aros vermelhos e uma camiseta preta. Cinquenta e poucos, calculei a idade dela. Havia alguns fios soltos de cabelo em sua camiseta, que eram muito mais compridos que os dela. Seria o cabelo de seu marido, pensei, que caiu ali enquanto se abraçavam no aeroporto? Ou talvez fossem do cachorro dela.

Os cães também ficam bêbados se beberem álcool, e é por isso que há um mercado crescente de vinho não alcoólico projetado especificamente para que os animais de estimação possam consumir em ocasiões festivas. Vinho não alcoólico para consumo humano também está disponível, embora minha experiência mostre que há pouca semelhança com o vinho alcoólico. O que ele faz, no entanto, é destacar o quanto os vinhos regulares dependem do álcool para equilibrar o gosto doce e frutado do suco de uva. É o que dá ao vinho seu ar de sofisticação e autoridade. O álcool transforma o suco de uva em uma bebida adulta – reconhecidamente um veneno, mas a cujos encantos nos submetemos por livre e espontânea vontade.

Eu já estava me sentindo um pouco embriagado, mas, como fazia um tempo que não comia nada, estava prestes a me sentir ainda mais. Sem comida para retardar o progresso do álcool pelo meu estômago, ele agora estava indo para o meu intestino delgado. Ali ele entraria na corrente sanguínea e depois encontraria meu fígado. O trabalho do fígado é livrar-se da toxina, mas ele só pode metabolizar o etanol a uma taxa de cerca de um copo de vinho por hora (dependendo do seu tamanho). Se você beber mais rápido que isso, o etanol entrará na sua corrente sanguínea a uma taxa maior do que pode ser processado, e assim poderá se infiltrar em seus outros órgãos, exercendo seus poderes pelo resto do corpo. Os efeitos do álcool no cérebro, por exemplo, não são uniformes de pessoa para pessoa. Eles mudam dependendo de quanto você bebe, de seu estado mental e de outros detalhes de sua fisiologia. Mas, basicamente, o álcool deprime o sistema nervoso, reduz as inibições e altera o seu humor.

O álcool também afeta outros órgãos. Enfraquece temporariamente os músculos do coração, fazendo com que eles batam com menos vigor e diminuam a pressão arterial. Quando o sangue circula para os pulmões para captar o oxigênio da respiração, parte do álcool salta pelas membranas junto com o dióxido de carbono expelido do sangue. Quando você expira, o vapor de álcool se torna parte da sua exalação, e é por isso que você pode sentir o cheiro quando alguém esteve bebendo. Testar a presença de vapor de álcool na respiração de alguém é o princípio por trás do bafômetro que a polícia usa para saber se uma pessoa suspeita de dirigir embriagada está, de fato, sob os efeitos do álcool.

Apesar de o bafo de bebida não cheirar bem, o outro lado do etanol, a parte mais parecida com o óleo do que com a água, nos dá um líquido com um cheiro consideravelmente mais gostoso – o perfume. Os óleos essenciais destilados de plantas como bergamota e laranja, ou resinas como mirra, e substâncias derivadas de animais, como o almíscar, podem ser todos dissolvidos em álcool e transformados em perfume. Quando você espalha o perfume sobre sua pele macia, o álcool evapora, deixando que os óleos sobre a sua pele se dispersem lentamente no ar, envolvendo seu corpo com o aroma que você escolheu. Todos os perfumes empilhados nas salas de embarque dos aeroportos estão cheios de álcool. Se você estivesse realmente desesperado para se embriagar, poderia bebê-los; eles têm o mesmo efeito que a vodca. Mas é preciso ter cuidado – alguns dos álcoois usados em perfumes baratos contêm metanol.

O metanol é a menor molécula de álcool, com apenas um átomo de carbono, ao contrário do etanol, que tem dois. Essa pequena diferença altera drasticamente sua atividade farmacológica e torna o metanol muito mais venenoso que o etanol. Um copo de metanol puro pode causar cegueira permanente; três copos levarão à morte. Isso acontece porque, uma vez que o metanol está em seu corpo, seu sistema digestivo o metaboliza em ácido fórmico e formaldeído. O ácido fórmico ataca as células nervosas, especialmente o nervo ótico. Se você beber demais, a degradação do nervo ótico pode deixá-lo cego. O ácido fórmico também ataca seus rins e seu fígado, onde causa danos permanentes que podem ser letais.

O metanol é produzido durante a fermentação de bebidas alcoólicas, especialmente na produção de destilados como vodca e uísque, mas é removido pelo processo de fermentação, então é improvável que seja encontrado em destilados comerciais. Se você preparar destilados caseiros, no entanto, precisa ser muito cuidadoso. Essas bebidas costumam ser feitas pela fermentação do amido de cultivos como milho, trigo ou batatas. Isso resulta em uma mistura de baixo teor de álcool chamada *mash*, que é então conectada a uma tubulação conhecida como alambique, aquecida e destilada em um licor com uma alta porcentagem de álcool. O primeiro líquido que surge do alambique é o metanol concentrado – você tem que jogá-lo fora. Cervejeiros caseiros experientes sabem disso, mas pessoas morrem todos os anos depois de fazer destilados pela primeira vez.

Aqueles que buscam álcool barato às vezes recorrem à ingestão de líquidos à base de álcool que são fáceis de comprar, como anticongelante, produtos de limpeza e perfumes. É uma péssima ideia, não apenas porque esses líquidos têm um gosto horrível, mas também porque, como não são desenvolvidos para serem consumidos, os fabricantes nem sempre removem o metanol que eles contêm. Isso pode levar a consequências trágicas. Por exemplo, em dezembro de 2016, 58 pessoas morreram na Rússia ao beberem um óleo de banho perfumado. Não foram os produtos químicos perfumados que os mataram, mas o metanol.

No avião, porém, o carrinho de bebidas passava novamente, carregando bebidas alcoólicas que, pelo menos eu acreditava, tinham pouco ou nenhum metanol. Quando a aeromoça chegou até nós, perguntou se gostaríamos de alguma bebida para acompanhar a nossa refeição. Susan pediu vinho branco, enquanto eu optei pelo tinto. "Não consegui sentir a baunilha no branco", disse a ela, "mas talvez você tenha sorte". Susan sorriu, serviu seu vinho, levantou o copo para mim, mas não disse nada e voltou a ler seu livro. Ela parecia satisfeita por eu ter começado a relaxar, e eu também. O álcool é, por natureza, um relaxante e lubrificante social – uma droga, sim, mas legalmente permitida, que proporciona mais benefícios para a sociedade do que os problemas que causa – ou pelo menos é essa a história que contamos para nós mesmos. Embriagar-se pode tornar as pessoas mais relaxadas ou torná-las mais briguentas. Em ambos os casos, elas também se tornam menos capazes de tomar decisões racionais claras. O que faz você se perguntar por que os

LÍQUIDO

perigos da embriaguez não são mencionados nas instruções de segurança pré-voo: certamente um bêbado é menos seguro em uma emergência e menos capaz de tomar boas decisões que afetem os outros. Mas, então, isso pressupõe que as instruções estejam realmente relacionadas com a segurança, algo em que, como já mencionei, não acredito.

Apesar de a ingestão de vinho não aumentar exatamente sua segurança, ele tem outros usos, um dos quais foi mencionado pela atendente: é um acompanhamento tradicional para refeições, onde, além de ser delicioso por si só, age como um limpador do paladar muito eficaz, tornando a comida mais agradável. Um dos principais componentes do sabor do vinho é a sua adstringência: a sensação de aspereza e ressecamento na boca. Romã, picles e frutas verdes são todos alimentos adstringentes. Nos vinhos, a adstringência vem dos taninos. Essas moléculas, que se originam na casca da uva, quebram as proteínas lubrificantes na saliva e deixam sua boca seca. Ainda assim, a adstringência suave na bebida é prazerosa, especialmente quando você a está bebendo com alimentos gordurosos. As gorduras lubrificam a boca, mas, embora possam deixar um prato rico e luxuoso, em excesso elas mascaram o sabor e revestem sua boca com uma oleosidade grudenta e horrorosa. A adstringência neutraliza essa sensação gordurosa, limpando a boca, removendo qualquer sabor de comida e redefinindo seu paladar a um estado neutro.

Estudos mostram que a limpeza do paladar funciona melhor quando uma bebida adstringente é tomada entre pedaços de alimentos gordurosos; a combinação impede a sensação de boca seca associada a altos taninos, assim como a sensação escorregadia de gordura. Em outras palavras, faz sentido beber um vinho tinto com carne ou um peixe gorduroso, como salmão, não importa o que digam sobre beber vinho tinto com peixe. As pessoas acham que o vinho tinto vai sobrecarregar o sabor delicado do peixe, e é por isso que aconselham o branco. Mas, na verdade, os vinhos brancos têm perfis de sabor sobrepostos (frutados, baunilha etc.) a vinhos tintos e, portanto, a regra geral não é útil. De fato, é muito mais importante considerar a acidez e a doçura do vinho ao escolher um para acompanhar sua refeição. A acidez é uma medida do amargor da bebida, enquanto a doçura é uma medida de sua secura na boca. Algumas pessoas, por exemplo, preferem vinhos que equilibrem o amargo da comida, então querem combinar sua refeição com uma taça de algo seco e ácido. Por exemplo, um Rioja branco muito saboroso combina bem com pernil glaceado, enquanto um Pinot Noir tinto funciona muito bem com um ensopado de peixe mediterrâneo.

Em muitas culturas, a comida não é combinada com vinho, mas com bebidas destiladas, como a vodca. Os destilados são limpadores de paladar muito eficazes porque contêm uma alta porcentagem de etanol, geralmente 40%, o que proporciona adstringência. O álcool também dissolve óleos e gorduras na boca, junto com os sabores associados. A vantagem de beber destilados puros com a comida é que eles têm muito pouco sabor e, portanto, não se chocam com um prato com sabor forte, como o arenque em conserva.

A razão pela qual as vodcas puras têm tão pouco sabor é porque têm pouco cheiro. Embora os sabores básicos de salgado, doce, azedo, umami e amargo sejam detectados pelas papilas gustativas da boca, os perfis de sabor complexos de alimentos e bebidas são detectados pelos milhares de receptores olfativos em seu nariz. Daí a importância do buquê do vinho – é por isso que os entusiastas do vinho sempre cheiram antes de beber; a maior parte do sabor que você prova realmente vem do aroma da bebida. É também por isso que as taças de vinho são projetadas para ter cálices grandes. São recipientes projetados para armazenar o buquê do vinho para seu deleite e apreciação.

Quando você come, a liberação de cheiros dentro de sua boca é responsável pela maior parte do sabor da comida, e é por isso que, quando você está resfriado e o muco está cobrindo seus receptores de cheiro, você não consegue provar as sutilezas do prato que está consumindo. Também explica por que o vinho tem um sabor diferente em temperaturas variadas: quando é servido frio, apenas as substâncias muito voláteis evaporam na sua boca, e assim você experimenta o perfil de sabor dominado por elas, mas quando o vinho é aquecido, o cheiro é diferente. A energia extra permite que mais moléculas de sabor no líquido evaporem. Isso muda o aroma do vinho e o sabor. Uma das principais razões pelas quais o vinho tinto e o branco são percebidos como tão diferentes um do outro é que são servidos em diferentes temperaturas. Esfrie um vinho tinto e um branco e, em seguida, beba-os em um teste cego e você entenderá o que quero dizer. Em temperaturas mais baixas, muitas das moléculas de sabor mais frutíferas permanecem no líquido, em vez de contribuírem para o buquê. Isso altera o equilíbrio do sabor, de modo que a acidez e a secura são enfatizadas, e para muitos isso dá a experiência de crocância e clareza. Quando combinado com o efeito refrescante no paladar, isso pode ser uma experiência muito agradável – um clássico do vinho branco. Sirva o mesmo vinho à temperatura ambiente e o gosto será completamente diferente. Agora a acidez é suprimida por um abraço frutado e passional que não é crocante, mas quente. Não há certo e errado aqui – é apenas uma questão de gosto.

O vinho tinto que eu estava bebendo no avião estava provavelmente a 22 °C; sendo uma pequena garrafa, que eu tinha acabado de servir no copo, teve tempo de se ajustar à temperatura ambiente da aeronave.

Girei o vinho na taça para liberar seu conteúdo de álcool. Estava usando o efeito Marangoni – quando o vinho forma lágrimas enquanto flui pelo vidro. O etanol no vinho tem o efeito de diminuir sua tensão superficial com o vidro e, quando é servido, deixa uma fina camada. O álcool nesse revestimento evapora rapidamente, deixando uma área de líquido com baixa concentração de álcool e, portanto, uma tensão superficial mais alta do que a da área vizinha. As tensões desiguais separam o líquido, formando uma lágrima. Quanto maior a concentração de álcool no vinho, mais pronunciado é esse efeito; portanto, observando o efeito Marangoni, podemos saber qual é o nível de álcool do seu vinho. Meu tinto tinha lágrimas pronunciadas, logo calculei que era um vinho forte, com um alto teor alcoólico, de talvez 14%.

Vinho tinto em uma taça mostrando o efeito Marangoni.

Fechei os olhos e tomei um grande gole sem olhar para o rótulo para ler a descrição. O que consegui sentir? Um sabor forte, frutado e meio de... bem, vinho tinto. Não era amargo, mas não era doce; parecia justo chamá-lo de equilibrado. Queria dizer que era macio, mas o que isso significaria? Claramente, era um líquido, e era suave por padrão. Acho que eu queria dizer que não estava deixando minha boca ficar seca ou irritada – não era adstringente, então. Gostei, pensei, e me permiti olhar o rótulo para ver como deveria ser seu gosto.

"Violeta profundo, muita groselha e cerejas, toques de casca, cheio de taninos jovens, mas ainda equilibrado, corpo leve, acabamento frutado."

"Ahá!", pensei, dando uma olhada rápida para Susan para ver se ela estava lendo o livro. Estava. Ela me olhou espantada e percebi que tinha falado em voz alta. Isso me fez perceber que eu estava ficando um pouco bêbado, mas não tão bêbado a ponto de não perceber isso, o que era bom.

O sabor do vinho tem mais a ver com sua aparência (especialmente o rótulo) e suas associações culturais do que muitos especialistas em vinhos gostariam de admitir. Estudos mostram que o sabor é construído no cérebro, que recebe informações não apenas das papilas gustativas na boca e dos sensores no nariz, mas também da expectativa do cérebro de como deve ser o gosto das coisas. Por exemplo, se você tomar um sorvete de morango e usar um corante sem sabor para mudar sua cor, tornando-o, digamos, verde, amarelo ou laranja, as pessoas que provarem o sorvete terão dificuldade em detectar o sabor do morango. É mais provável que sintam sabores relacionados à cor. Se o sorvete é laranja, é provável que sintam o gosto de "pêssego"; se é amarelo, "baunilha"; e muitas vezes verde vai ter gosto de "limão". Talvez o mais extraordinário sobre isso, porém, seja que, quando eu experimentei, mesmo quando sabia que o sorvete cor de laranja que eu estava tomando era de morango, ainda parecia sentir gosto de pêssego. Claramente, o sabor é uma experiência multissensorial, e como o cérebro constrói o sabor de um alimento ou de uma bebida usando informações sensoriais de múltiplas fontes, a visão é tão dominante que frequentemente supera outras informações sensoriais.

Existem muitas teorias sobre por que o sabor é tão influenciado pela visão. Uma das principais tem a ver com a forma como o nosso cérebro interpreta a fragrância. O sabor é construído a partir do cheiro, e nossa capacidade de detectar odores é aproximadamente dez vezes mais lenta que a nossa detecção visual. Temos grande dificuldade para identificar odores de moléculas específicas. Isso pode ser porque odores únicos são reconhecidos por múltiplos receptores no nariz. Mesmo especialistas treinados para detectar determinadas substâncias moleculares pelo olfato não conseguem quando elas estão misturadas com quatro ou cinco outros odores. Quando você considera que o vinho tem milhares de moléculas de sabor individuais, o desafio impressionante da degustação de vinhos se torna evidente. Ficará evidente que o nosso olfato não fornece informações suficientes para distinguir com segurança misturas de odores se você tentar um jogo simples. Coloque uma venda em seus convidados para jantar e peça que identifiquem os líquidos em uma série de copos que você passa para eles (tente com suco de laranja, leite, café frio). As regras do jogo são que eles só podem cheirar as substâncias, não podem saboreá-las nem vê-las. Algumas bebidas são fáceis, mas é difícil que seus sentidos detectem corretamente a maioria. Depois disso, não revele as respostas, mas permita que seus convidados tirem as vendas e agora usem o olfato e a visão para identificar as substâncias. É muito mais fácil agora que se pode usar a experiência que você já possui de ver e cheirar aquela bebida em particular. O jogo ilustra o quanto confiamos na visão para identificar o cheiro e, assim, o sabor.

A importância da visão na apreciação do vinho foi demonstrada de forma impressionante em um estudo científico realizado em 2001, na França. Um painel de 54 provadores foi convidado a

LÍQUIDO

avaliar o buquê de dois vinhos e comentá-los. Ambos eram vinhos de Bordeaux; um era branco, feito de uvas Sémillon e Sauvignon, e o outro era tinto, feito de uvas Cabernet Sauvignon e Merlot. Mas os participantes não sabiam que um corante vermelho sem sabor havia sido adicionado ao branco. Até onde os participantes sabiam, estavam cheirando duas taças de tinto. A cor dominou completamente a apreciação do buquê dos vinhos. Ambos os vinhos foram descritos pelos participantes usando palavras como "picante", "intenso" e "cassis", embora um fosse um vinho branco com um perfil de sabor que não se assemelhava a essas descrições.

Mas não importa como manipulemos a cor de nossas bebidas, quando o sabor que provamos combina com o que esperávamos com base na aparência da bebida, nossa tendência é gostar mais dela. Da mesma forma, a garrafa da qual é servida, a limpeza e o ambiente onde estamos, a atratividade da pessoa que nos serve e – especialmente no caso do vinho – a associação de sofisticação e qualidade, tudo muda nossa experiência de beber. Experimentos mostraram que vamos gostar mais ou menos do vinho dependendo de onde o rótulo diz que foi produzido, e que vamos desfrutar mais se ouvirmos uma boa descrição antes de beber – que ele ganhou um prêmio, por exemplo. Muitos vinhos ganham prêmios, a propósito; há muitas competições em que a grande maioria dos vinhos inscritos pelos fabricantes ganha uma menção honrosa.

Se você é uma dessas pessoas que acham que não sabem nada sobre vinho e se sente desnorteado quando entregam um cardápio cheio de opções em um restaurante, pense nos nomes desconhecidos das uvas, nos países de origem e nas datas de produção como faria com as especificações de um carro. Você pode ou não se importar se seu carro tem motor a gasolina ou a diesel, ou se tem um motor de 1.4 ou 2.0. Esses detalhes podem não ser algo que você queira saber. Você pode querer apenas um carro que o leve de A a B de forma confiável, e isso é realmente tudo o que importa. A maioria dos vinhos de preço médio faz isso muito bem: de A a B, no caso dos vinhos, é um acompanhamento agradável aos alimentos, ou uma maneira de deixar que o álcool mude seu humor, ou de comemorar um aniversário. Mas talvez você seja alguém que goste que seu carro faça mais do que levá-lo de A a B. Talvez desfrute da sensação de chegar lá, acelerando nas curvas, por exemplo, ou, em vez disso, em um passeio suave e macio. Alguns vinhos são caminhos para sabores mais espetaculares que outros, enquanto outros, como os vinhos "naturais", realmente superam os limites do que se espera que seja o sabor de um vinho. Não são melhores; são diferentes, porque todo gosto é subjetivo e, assim como com os carros (e na maior parte da vida), o preço não é um guia confiável para essas experiências. Quando você aprecia um vinho, como um passeio de carro, está desfrutando de uma experiência multissensorial. Da mesma forma, se você comprar um carro de uma marca cara, será exatamente por isso que estará pagando – pela marca, não pela experiência. Algumas pessoas adoram possuir os carros mais caros, realmente desfrutam do que isso diz sobre elas mesmas. É o mesmo com os vinhos. Mas isso não significa que sejam vinhos ou carros melhores, nem mesmo que os proprietários sejam pessoas mais sofisticadas. Assim, se tomar o vinho mais caro não o deixar feliz, você vai desperdiçar dinheiro se comprar garrafas de 50 libras. A maioria dos vinhos de preço médio e muitos vinhos de preço baixo têm perfis de sabor que são tão complexos quanto os dos mais caros – e os testes cegos comprovam isso.

Enquanto isso, no avião, eu tinha acabado de tomar outra taça de vinho e senti uma dor de cabeça chegando. Não poderia ser uma ressaca, poderia? Ou eu estava apenas desidratado? Um dos efeitos fisiológicos do álcool no corpo é inibir a secreção de hormônios que dizem aos seus rins para conservar a água. Se não beber água para compensar, ficará desidratado. Os comissários não

LÍQUIDO

estavam em lugar algum, então peguei a cara garrafa de água que tinha comprado no aeroporto. A garrafa soltou um chiado e dei um gole grande. Foi muito bom. Olhando pela janela, pude ver um corpo muito maior de água líquida lá embaixo – o belo oceano azul, estendendo-se até o horizonte.

3. Profundo

A água na minha garrafa de plástico era bem diferente da água no oceano que eu via da janelinha oval do avião. As diferenças não estavam apenas na composição – seus respectivos conteúdos de sal e assim por diante –, mas também no comportamento. Os oceanos da Terra estão em constante estado de fluxo: criam e são influenciados pelos ventos; criam as nuvens e nossos sistemas climáticos e são influenciados por eles; aquecem a atmosfera, mas também armazenam calor. Enormes correntes globais são estabelecidas dentro dos oceanos e afetam nosso clima. Assim, apesar de serem feitos aproximadamente das mesmas moléculas, os oceanos que cobrem 70% do nosso planeta não são apenas versões gigantes da água em uma garrafa. São feras completamente diferentes.

E fera é provavelmente a palavra certa para descrevê-los. Os oceanos são perigosos, não importa se você é um nadador competente. Flutuar no mar aberto é extremamente difícil por mais de algumas horas contínuas. Meu conselho, se você terminar perdido no mar, é não se cansar tentando combater as correntes. Em vez disso, flutue de costas enquanto aguarda o resgate. Embora, na

LÍQUIDO

minha opinião, flutuar seja realmente a palavra errada para descrever o que acontece quando os humanos se agitam na água. Flutuar é o que os barcos fazem. Eles são majestosos; navegam com apenas uma pequena parte do seu volume submerso. Sempre que tento "flutuar", a maior parte do meu corpo afunda; se tiver sorte, consigo manter apenas meu nariz fora da água enquanto bufo como uma baleia, respirando ao mesmo tempo que tento – e geralmente falho – evitar que a água entre no meu nariz. Flutuar de verdade, para mim, implica não apenas descansar em cima da água, mas fazer isso com facilidade. Mas essa não é a definição padrão e certamente não foi o que Arquimedes quis dizer quando descobriu o princípio da flutuação há 2 mil anos e gritou, como todos sabem, "Eureca!" em sua banheira.

Arquimedes era um matemático e engenheiro grego. Ele notou que, quando você entra em uma banheira, o nível da água sobe. A razão é bastante óbvia: você está sentado onde costumava estar a água. Ela não fica comprimida embaixo de você como um colchão de espuma faria. Em vez disso, por ser um líquido, flui ao seu redor e encontra outro lugar aonde ir. No espaço contido de uma banheira, o único lugar para ir é acima do nível de água inicial. Se a banheira já estiver cheia quando você entrar, a água fluirá sobre a borda e cairá no chão. É aqui que entra o famoso experimento de Arquimedes. Ao coletar a água que cai pela borda em outro recipiente, ele descobriu algo interessante: o peso dessa água é igual à chamada força de empuxo que age sobre você. Se essa força for menor que seu peso, você afundará; caso contrário, irá flutuar. Isso se aplica a qualquer objeto. Eureca!

O que Arquimedes descobriu foi que você pode prever se algo vai flutuar ou afundar simplesmente calculando o peso da água que ele vai deslocar. Para um material sólido, basta comparar a densidade do material com a densidade da água. Assim, a madeira, que pesa menos por volume que a água, é menos densa que a água e, portanto, flutua. O aço é mais denso que a água, então afunda. Mas há um truque: é possível fazer barcos de aço se eles forem ocos. Então a densidade média deles será menor que a da água, o que os faz flutuar. Simples assim. Avancemos 2 mil anos desde a descoberta de Arquimedes e descobriremos que o preço do aço agora é baixo o suficiente para que possamos realmente construir navios dessa maneira. Nossa atual frota de transporte marítimo, que carrega 90% das mercadorias comercializadas no mundo, é composta quase inteiramente de navios de aço.

O motivo pelo qual algumas coisas flutuam e outras afundam tem a ver com elas pesarem mais ou menos que o volume equivalente de água.

O corpo humano é feito de materiais de diferentes densidades: há osso denso e tecido menos denso, e em alguns lugares somos ocos. No geral, somos um pouco menos densos do que a água, e é por isso que podemos flutuar. Mas se você ajustar sua densidade para coincidir exatamente com a da água, usando algo pesado – um cinto de metal, por exemplo – estará em um estado de nem afundar nem flutuar, ficará com uma flutuação neutra, o estado ideal para o mergulho. Quando você tem flutuação neutra debaixo

LÍQUIDO

d'água, não há nenhuma força tentando levá-lo para a superfície nem há uma força o puxando para o fundo do oceano. Em seu equipamento de mergulho, você está efetivamente sem peso, livre para explorar os recifes de corais e os destroços afundados nas profundezas. É uma sensação tão próxima da ausência de peso vivenciada no espaço que os astronautas treinam em piscinas.

Sem o auxílio do equipamento de mergulho, o corpo humano flutua. Mas, como nossos corpos são apenas um pouco menos densos que a água, mais de 90% do nosso corpo precisa estar submerso para deslocar água suficiente para suportar nosso peso. As pessoas mais gordas são mais flutuantes do que as pessoas mais magras porque a sua relação entre gordura e osso as torna menos densas. A roupa de mergulho também nos deixa mais flutuantes – ela nos reveste com uma camada significativa de material que é menos denso que a água. É um pouco mais fácil flutuar no mar que em uma piscina, porque há minerais dissolvidos no oceano, como sal ou cloreto de sódio. O sódio e o cloro entram no líquido, dividindo-se e inserindo-se entre as moléculas de água. Isso faz com que a água se torne mais densa, fazendo com que você não precise deslocar muita água para compensar o seu peso, como faria com a água pura. Na verdade, o Mar Morto, no Oriente Médio, tem tanto sal (dez vezes mais do que o oceano Atlântico) que dá para se balançar como um pato em cima dele.

Se você consegue flutuar, consegue nadar: um dos maiores prazeres da vida. Na água, você não só não tem peso, mas também consegue deslizar como um dançarino. Há um mundo oculto sob a superfície. Esqueça o custo de ir a Marte e a empolgação de procurar vida em outros planetas – os oceanos são, em todos os aspectos práticos, mundos alienígenas para nós. Colocando um par de óculos e mergulhando na água com um rápido movimento das pernas, podemos visitá-los. Deslizar até a profundeza azul de um recife de coral é uma das coisas mais maravilhosas que se pode fazer. Os peixes vão observá-lo com olhos cansados e agitar suas caudas para desviar habilmente do seu caminho. Quando você nada, estica um braço e, ao puxá-lo para trás, faz com que o líquido ao seu redor se movimente rápido o suficiente para evitar que as moléculas de água se movam umas sobre as outras, exercendo uma força sobre você. É essa força que o impulsiona para a frente, na direção oposta. Essa é a essência da natação – seus braços e pernas estão constantemente movendo a água para trás, o que tem o efeito de empurrá-lo para a frente. Não é apenas emocionante: você essencialmente se torna outra pessoa. Enquanto na terra pode ser desajeitado e pesado, na água pode girar e deslizar como um golfinho: você é livre.

Um homem flutuando no Mar Morto.

Eu morava em um bairro de Dublin chamado Dún Laoghaire, a uma curta distância de um ponto de natação chamado Forty Foot, um promontório rochoso na baía de Dublin famoso por aparecer em *Ulisses*, de James Joyce, e lar há séculos de um clube de

LÍQUIDO

natação. Fui até lá em um dia de inverno em 1999 e vi pessoas de todas as idades, mas principalmente idosos, pulando no mar para um mergulho. A temperatura do ar era talvez de 12 ºC e o mar estava a cerca de 10 ºC. Eu estava usando um sobretudo grande e ainda assim sentia um pouco de frio quando os ventos do mar irlandês me golpeavam e as ondas pulavam por cima do cais de concreto. No entanto, ali estavam os idosos, que em outra situação poderiam ser aconselhados por seus médicos a se aquecer, saltando para as águas geladas. Conversei com alguns deles enquanto se secavam depois de nadar. Estavam felizes, sorridentes e encantados. Os dentes batiam com o frio, mas estavam claramente exultantes. Disseram que nadavam todos os dias do ano, no frio ou no calor – embora, como descobri no tempo em que trabalhei lá, a Irlanda quase nunca fique quente de verdade.

Decidi me juntar a eles e comprei uma touca de natação naquele mesmo dia. Nadei em Forty Foot todas as semanas do ano a partir de então. Pensando agora, é uma das coisas de que mais sinto falta de morar em Dublin. Mas por que eu gostava tanto?

Mergulhar na água a 10 ºC não é uma sensação reconfortante – é algo mais parecido com um tapa na cara. Não é só que a temperatura seja muito fria, mas você está cercando sua pele com água que está uns bons 25 ºC mais fria que seu corpo. As moléculas de água sugam o calor. Mas, como os líquidos são mais densos que os gases, há muito mais moléculas interagindo com a sua pele por segundo do que quando você está apenas exposto ao ar, então a retirada de calor da sua pele quente é muito mais extrema.

O autor depois de nadar em Forty Foot, em Dublin.

O que piora tudo é uma característica da água chamada capacidade térmica. Ao serem expostas a água quente, as moléculas de água giram mais rápido, provocando vibrações que chamamos de temperatura. Então, quanto mais rápido elas giram, mais quente a água fica. As conexões de hidrogênio que mantêm as moléculas de água juntas resistem fortemente a essa vibração, então é preciso muito calor para aumentar a temperatura média de um litro de moléculas de água em apenas um grau. Para colocar isso em perspectiva, é preciso dez vezes mais energia para aquecer a água do que para aquecer o mesmo peso de cobre. Essa característica da água, sua excepcional capacidade térmica, explica por que é preciso muito calor para fazer uma xícara de chá. Também explica por que uma chaleira elétrica é tipicamente o aparelho que consome mais energia na cozinha. Mas essa é apenas uma das muitas maneiras pelas quais a alta capacidade térmica da água – a mais alta entre todos os líquidos, exceto a amônia – nos afeta. É também o

LÍQUIDO

que permite que os oceanos armazenem muito calor, e assim sua temperatura sempre está mais baixa que a do ar. Dessa maneira, em um dia ensolarado em Dublin, a temperatura do ar pode subir até 22 ºC, enquanto a temperatura do mar dificilmente passará de 10 ºC. Para os irlandeses, infelizmente isso significa que o mar nunca se aquece com o sol do verão antes que o inverno volte para esfriá-lo. Mas é uma grande vantagem para nós, como espécie, porque a alta capacidade térmica dos oceanos permite que eles absorvam muito do excesso de calor provocado pela mudança climática. Em outras palavras, os oceanos estabilizam nosso clima, mantendo-nos aquecidos no inverno e nos esfriando no verão.

Mas nada disso explica por que gosto de nadar no mar gelado. Não sou um desses caras que adoram o ar livre e gostam de ficar no frio e molhados. Sou um cientista e engenheiro, e passo a maior parte do tempo dentro de um laboratório ou de uma oficina. Talvez seja essa a questão – o mar é tão maravilhosamente selvagem e imprevisível que, de modo inconsciente, eu apenas queria me expor a algo totalmente diferente da minha vida cotidiana. Quando você mergulha no mar frio, tem que nadar, estar vivo e alerta; é tão desconfortável que o afasta de uma mentalidade racional consciente. É impossível se preocupar com suas experiências fracassadas, suas teorias infundadas ou até mesmo com seus relacionamentos que deram errado quando se está lutando para respirar – a respiração parece ser arrancada porque você escolheu mergulhar em águas proibitivas e incontroláveis.

A hipotermia está sempre no fundo de sua mente quando você nada nas águas frias. Ela se instala quando sua temperatura central fica menor que 35 ºC. Você começa a tremer incontrolavelmente e sua pele muda de cor à medida que os vasos sanguíneos superficiais se contraem, desviando o sangue para os órgãos principais. Primeiro você fica pálido, depois suas extremidades ficam azuis.

Em águas muito frias, o choque pode levar a uma respiração rápida e descontrolada, ofegante, e ao aumento maciço da frequência cardíaca, o que pode levar a pânico, confusão e afogamento. Mas, mesmo que você permaneça calmo, nadar em água a 0 °C por apenas quinze minutos será fatal, na medida em que a hipotermia se instala e desliga os músculos.

Em última análise, acho que foi a mão fria da morte que me atraiu para Forty Foot em todas aquelas manhãs frias e cinzas de janeiro, quando a temperatura da água era, em média, de 10 ºC. Eu me sentia muito mais vivo ao estar tão perto da morte, provocando-a, e depois sair ileso da água.

Bem, praticamente ileso. Um dia as coisas não correram tão bem. Em um sábado de fevereiro, cheguei a Forty Foot e o lugar estava deserto. O grupo habitual de idosos não estava por ali. A maré estava alta e a água agitada, com a ocasional onda grande chegando e se lançando sobre o cais onde eu estava colocando meu calção de banho. Eu tremia e minha pele se arrepiava pelos ventos frios. Estava pronto para pular, mas hesitei antes de olhar para a água. Nunca tinha nadado sozinho em Forty Foot antes e o mar estava mais agitado que o habitual. *Talvez*, pensei, seja por isso que mais ninguém está nadando hoje? Foram segundos de dúvida. Eu me lembro de me incentivar, pensando: *Estou realmente tão assustado que, depois de me dar ao trabalho de colocar meu calção de banho, não vou nadar?* Mergulhei.

Senti o tapa habitual no rosto, a sensação de que meu corpo estava sob ataque, de que o oceano estava sugando a vida de dentro de mim. Sempre enfrentei isso nadando energicamente, então lá fui eu para o mar, lutando contra as ondas que vinham em minha direção e tentando ignorar o frio intenso que penetrava em meus membros. Consegui me afastar um bom pedaço antes de parar para respirar e ser atingido no rosto por uma onda. Engoli um

LÍQUIDO

monte de água, tossi, balbuciei e depois respirei fundo, só para ser atingido no rosto novamente. Dessa vez eu me engasguei. A água desceu pela minha traqueia e comecei a me debater na tentativa de me levantar o suficiente para poder respirar direito, mesmo que por apenas alguns segundos. Não consegui, a água estava muito agitada e as ondas continuavam me derrubando. Entrei em pânico e comecei a hiperventilar enquanto movia desesperadamente as pernas para não me afogar. Então outra grande onda me atingiu, e meu pânico se transformou em exaustão. Não conseguiria vencer, estava com frio e morto de cansaço.

Foi quando bati nas pedras. Enquanto eu estava sufocando – por quanto tempo, não sei –, as ondas e a maré estavam me empurrando para as rochas que sustentavam e protegiam o Forty Foot das tempestades de inverno. Essas rochas, cada uma do tamanho de um carro pequeno, foram colocadas naquele lugar por um guindaste para formar uma barreira portuária. Ser arrastado contra pedras como essas normalmente é algo a ser evitado. É quase impossível controlar a velocidade com a qual as atingiremos – algo quase totalmente determinado pelo tamanho, pela altura e pela velocidade das ondas que nos carregam –, portanto, pode ser muito perigoso. Mesmo assim, naquele momento, fiquei aliviado. Bater nas pedras me deixou um bom número de cortes e contusões, mas também me deu uma chance de escapar. Não que tenha sido fácil – me afastei da costa quando as ondas que me jogaram contra as rochas recuaram. Demorei três ou quatro ondas e uma boa quantidade de luta, arranhões e machucados para conseguir me segurar firme o suficiente para subir e finalmente escapar do mar.

Revivi esse episódio da minha vida muitas vezes, mais frequentemente quando estou olhando para a beleza implacável e extrema do oceano. Mas aqui em cima, no avião, do meu ponto de vista a 40 mil pés, o desamparo que eu sentira naquele momento foi ampliado. Sabia que poderia ter me afogado naquele dia se tivesse engolido mais uma onda ou se a maré tivesse me levado para o mar e não para as rochas. Muitas pessoas morrem em circunstâncias semelhantes. Sabia que tinha sido um idiota. A capacidade do oceano de engolir uma pessoa sem deixar vestígios fica muito evidente quando você olha para a extensão dura e aparentemente interminável dele a partir da estratosfera. Eu me virei para Susan, para ver se ela estaria interessada em algum tipo de conversa sobre oceanos, ondas e afogamento acidental, mas ela estava envolvida em um cobertor com os joelhos pressionados contra o peito, assistindo a algum tipo de filme de ficção científica. A tela mostrava a imagem de uma espaçonave movendo-se em órbita ao redor de um enorme planeta.

O tamanho é importante quando se trata de corpos d'água. O vento cria atrito ao soprar sobre um pequeno lago, o que retarda o seu movimento e empurra a água, causando uma depressão em sua superfície. A tensão superficial da água resiste a essa mudança, assim como um elástico resiste a ser estendido. Quando esse vento cessa, assim como ocorre com um elástico, a liberação da tensão, junto com a força da gravidade, restaura a superfície à sua forma original. À medida que a água desce, gera uma ondulação que se irradia para fora conforme cada molécula de água desloca outra, que, por sua vez, desloca mais outra e assim por diante. Uma ondulação na água é realmente um pulso de energia. A energia, originada do vento, agora está presa na superfície da lagoa. Isso torna a superfície da lagoa mais agitada, aumentando a resistência ao vento que flui sobre sua superfície. Assim, juntam-se outras ondulações e elas são empurradas cada vez mais alto. Quanto mais altas as ondulações, maior a força restauradora, puxando-as para baixo novamente; assim, a lagoa fica mais agitada. Há um limite, porém, para a altura dessas ondulações. Em algum momento, elas atingirão a borda da lagoa e a maior parte de sua energia será absorvida

LÍQUIDO

pela terra. Mas, quanto mais elas viajarem, mais altas ficarão, e é por isso que em um pequeno lago as ondulações nunca são muito grandes, mas em um lago maior elas podem se tornar tão grandes que o vento as transformará em ondas.

O topo de uma onda chama-se crista e o fundo é chamado de vale. A distância entre elas é a medida do tamanho de uma onda. Enquanto esse tamanho for menor que a profundidade do lago, a onda viajará sem inibição. Mas, à medida que a onda se aproxima das águas mais rasas na costa, o vale começará a interagir com o fundo do lago, causando uma espécie de fricção que irá desacelerar a onda e forçá-la a quebrar na praia.

Em um oceano com milhares de quilômetros de largura, essas primeiras ondulações têm tempo e espaço para crescer vários metros. O vento soprando sobre a superfície do oceano por duas horas a 20 km/h pode criar ondas de trinta centímetros de altura. O vento soprando a 50 km/h por um dia inteiro pode criar ondas de quatro metros de altura. E uma tempestade de vento soprando por três ou quatro dias a 75 km/h pode criar ondas de oito metros de altura. A maior onda desse tipo foi registrada durante um tufão nos mares de Taiwan em 2007, e tinha trinta e dois metros de altura.

As ondas produzidas durante as tempestades não param quando a tempestade diminui. Como ondulações em uma lagoa, elas viajam através do oceano, que é quando seu comprimento se torna importante. O comprimento de uma onda é a distância da sua crista à crista da próxima onda. Em um oceano tempestuoso, é difícil determiná-lo porque todas as ondas estão misturadas umas sobre as outras; um mar agitado e tempestuoso parece um pântano em movimento com águas furiosas. Quando a tempestade termina, no entanto, as ondas continuam seu caminho e, como todas elas têm diferentes comprimentos de onda, também têm velocidades diferentes. Assim, à medida que as ondas percorrem centenas de quilômetros de oceano, elas se separam em conjuntos, tendo como base quais estão se movendo a velocidades semelhantes. Dentro dos conjuntos, as ondas se alinham de forma que corram paralelas. Em algum momento, cada conjunto chegará à costa em um padrão ordenado e regular. Assim, a quebra das ondas na praia é essencialmente o som de uma tempestade vindo de muito longe. Esse belo ritmo hipnótico acontece graças às complexidades da dinâmica do oceano.

Como as ondas de tempestade são geradas em todo o oceano, é um pouco surpreendente que elas geralmente se aproximem da terra perpendicularmente à praia. Claro, você poderia pensar que elas deveriam se aproximar da terra em um ângulo determinado pela linha reta entre a praia e qualquer lugar no oceano em que as ondas são geradas. Mas não, as ondas são muito complicadas para isso. Quando uma onda viaja através das águas profundas, sua velocidade permanece constante, porque não há quase nada que possa diminuí-la. Mas, quando se aproxima da terra, a água fica mais rasa e o vale começa a interagir com o fundo do mar, diminuindo a velocidade daquela parte da onda. Enquanto isso, as partes da onda que ainda não encontraram as águas rasas continuam na mesma velocidade. A diferença de velocidade gira a onda da mesma forma que frear uma roda muda a direção do carro. O resultado é que, à medida que as ondas se aproximam da terra, elas se tornam paralelas aos contornos do fundo do mar, que tendem a correr de forma perpendicular à praia, e assim a maioria das ondas se aproxima da costa na mesma direção.

Todos os surfistas sabem disso. Eles também sabem sobre o empolamento de ondas, que é o que faz do surfe um esporte tão empolgante. Imagine que você está sentado em sua prancha olhando para o mar; o que você realmente quer saber é onde e quando as ondas vão arrebentar. Conforme as ondas chegam à costa, elas diminuem a velocidade porque encontram águas rasas, mas isso também aumenta sua altura. Esse é o empolamento. Quanto mais superficial a água, mais alta a onda se torna, até atingir um ângulo crítico, onde se torna instável. Torna-se tão íngreme que dá para deslizar por ela em uma prancha de surfe, como se estivesse esquiando numa encosta de montanha.

O surfe exige equilíbrio, sincronização e uma compreensão de como as ondas se comportam. Para surfar uma onda, é necessário que parte dela comece a arrebentar antes do resto. Isso significa que você precisa que os contornos do leito do mar se inclinem gradualmente ao longo da praia, porque o momento em que uma onda arrebenta é determinado pela profundidade da água onde ela está se movendo. Você também precisa entender as marés, que alteram a profundidade da água ao longo do dia com base na atração gravitacional da Lua e do Sol.

Resumindo, para pegar uma onda, você precisa de uma tempestade no mar para produzir ondas grandes o bastante para atravessar o oceano em direção a uma praia com um leito marinho apropriado. Precisa que elas cheguem no momento certo do dia para se alinharem com a maré. Então, se estiver lá exatamente naquele momento, com uma prancha de surfe na mão e todo o equipamento, pode pegar uma onda até a praia. A incrível sincronicidade dessa confluência de eventos é o que torna o surfe um esporte tão especial – exige que os surfistas estejam completamente sintonizados com as tempestades no mar, o Sol, a Lua e a água em que estão.

Mesmo que você não seja um conhecedor de ondas, ainda vale a pena conhecer o empolamento, porque isso pode salvar sua vida. Na manhã de 26 de dezembro de 2004, turistas na ilha de Phuket, na Tailândia, estavam caminhando pela praia quando notaram algo estranho. O mar estava retrocedendo rapidamente, expondo rochas submersas e deixando barcos encalhados na baía. As crianças observavam e se perguntavam, assim como seus pais, até que uma grande onda apareceu de repente. Eles pensaram que nunca tinham visto nada parecido antes. Mas, claro, já tinham. Aquele era o empalamento de uma onda, só que dessa vez era uma gigantesca: um tsunami.

O que tinha acontecido era que apenas algumas horas antes, no meio do oceano Índico, parte da crosta terrestre se rompera, causando um terremoto de magnitude 9,0. É um terremoto de grandes proporções, sem dúvida. Estimou-se que a energia liberada fora dez mil vezes maior que a da bomba atômica lançada sobre Hiroshima. No entanto, estando tão longe no mar, o terremoto não causou muito dano imediato ou perda de vidas. Mas ele não rompeu apenas as placas tectônicas da crosta – também elevou o fundo do mar em vários metros. Isso, por sua vez, deslocou aproximadamente trinta quilômetros cúbicos de água. Isso é muita água – o equivalente a 10 milhões de piscinas olímpicas. E, da mesma forma que a movimentação repentina na banheira faz a água espirrar para a frente e para trás, o terremoto coloca essa enorme quantidade de água em movimento.

Com seu comportamento típico, as ondas partem cruzando o oceano em todas as direções. Se você estivesse olhando para baixo de cima de um avião no momento em que o tsunami começou, provavelmente não ficaria muito preocupado. As ondas estavam espalhadas a uma distância tão grande e em águas tão profundas que apenas uma pequena corcova teria sido discernível. Mas você poderia ter se assustado com a velocidade em que elas estavam viajando. Por causa da intensidade do terremoto e da grande quantidade de energia liberada durante um curto período, essas ondas viajaram na velocidade de um avião a jato, cerca de 480 a

LÍQUIDO

960 km/h. Ao se aproximarem da costa e das águas rasas do mar de Andamão, diminuíram de velocidade e ficaram mais altas. Quanto mais perto chegavam, mais o empolamento se intensificava. Como as ondas tinham centenas de metros de comprimento, a primeira coisa que as pessoas na praia notaram foi a água sendo sugada para o mar. Se tivessem reconhecido o fenômeno, teriam cerca de um minuto para correr para terrenos mais altos. Mas, tragicamente, a maioria delas não sabia o que estava acontecendo – ao contrário dos animais perto da praia, que pareciam sentir que algo estava acontecendo e fugiram. Aqueles que ficaram foram atingidos pela primeira onda, que tinha dez metros de altura quando chegou à costa.

No total, o tsunami matou 227.898 pessoas ao longo das costas de quinze países. O que torna um tsunami tão perigoso não é apenas a grande quantidade de água que despeja na costa, mas a força que a água exerce sobre tudo o que encontra. Um metro cúbico de água pesa uma tonelada e o tsunami deslocou 30 bilhões de metros cúbicos de água. Destruiu cabanas, árvores e carros, acabando com tudo e criando um rio de escombros que esmagou tudo o que encontrava. Varreu navios e casas e os jogou contra pontes e torres de alta tensão, que desmoronaram, criando incêndios letais. As pessoas que foram arrastadas pela onda foram levadas, esmagadas, derrubadas, roladas e trituradas por todos esses destroços que fluíam rapidamente. Isso deixou muitos inconscientes ou os feriu de uma forma que impedia sua capacidade de se manter à tona. Assim como as ondas de tempestade, os tsunamis vêm em conjunto, e quando a primeira onda foi puxada para trás (tendo chegado a dois quilômetros terra adentro em alguns lugares) pela aproximação da segunda, as correntes se inverteram e puxaram as pessoas e os destroços capturados em seu caminho para um novo ataque violento.

A chegada de um tsunami.

Infelizmente, aqueles que tiveram a sorte de sobreviver a essa devastação enfrentaram vários desafios posteriores, sendo a poluição da água um dos mais severos. Os suprimentos de água doce nas áreas atingidas pelo tsunami foram envenenados pela destruição de esgotos e pela infiltração de água salgada, as centenas de milhares de pessoas mortas pelas ondas tiveram que ser enterradas o mais rápido possível para evitar a disseminação de doenças e pragas e a infiltração no longo prazo de água salgada na terra arável da região deixou-a incapaz de sustentar as lavouras.

Por mais catastrófico que tenha sido o tsunami de 2004, o de 2011 na costa do Japão foi ainda mais poderoso. O tsunami foi criado pela força de um enorme terremoto – o quarto mais poderoso registrado na história – com um epicentro no oceano, a setenta quilômetros da costa de Honshu, a maior ilha do arquipélago japonês. O tremor foi sentido em terra por seis minutos, mas o pior dano só ocorreu mais tarde, quando o tsunami resultante atingiu a costa, devastando cidades inteiras e colidindo com a Usina Nuclear de Fukushima Daiichi.

LÍQUIDO

Fukushima Daiichi foi construída em 1971 e tinha seis reatores de fissão nuclear. Reatores de fissão nuclear são compostos de barras de óxido de urânio, que são agrupados no interior do núcleo do reator. Um reator emite radiação na forma de partículas de alta energia. Em uma usina nuclear, a maior parte dessa energia é direcionada para o aquecimento de água para gerar vapor, impulsionando as turbinas, que, por sua vez, geram eletricidade. Esse tipo de energia nuclear é tão poderoso que um conjunto de barras de óxido de urânio do tamanho de um carro pequeno produzirá a quantidade de eletricidade necessária para gerar energia para uma cidade de um milhão de pessoas por dois anos. Antes do tsunami de 2011, a usina de Fukushima tinha seis desses reatores, todos produzindo energia 24 horas por dia, 365 dias por ano, para aproximadamente 5 milhões de pessoas.

O Japão tem uma longa história de terremotos por estar no limite entre duas grandes placas tectônicas. A usina de Fukushima foi construída para resistir a esses terremotos, o que de fato aconteceu. Assim como os outros 54 reatores nucleares do Japão. Quando o terremoto ocorreu, em 11 de março de 2011, não causou nenhum dano à usina. No entanto, devido a precauções legais de segurança, três dos reatores (1, 2 e 3) foram desligados (os reatores 4, 5 e 6 já estavam desligados para reabastecimento). Não é possível simplesmente "desligar" o combustível nuclear. Ele ainda gera calor e radioatividade quando os reatores são desligados. Eles precisam de resfriamento ativo para evitar o derretimento do óxido de urânio. Durante o desligamento, isso é fornecido por geradores de reserva a diesel, que produzem eletricidade para alimentar as bombas que circulam a água de resfriamento.

Na conta final, 13 mil pessoas morreriam como resultado do terremoto de 2011, mas, quando o tremor parou e os reatores se desligaram, 90% delas ainda estavam vivas. Então, cinquenta minutos depois, um tsunami de treze metros viajando a uma velocidade média de 500 km/h atingiu a usina. A água destruiu os muros de defesa e inundou os prédios contendo os geradores a diesel que estavam resfriando as barras de combustível nuclear. Os geradores falharam e um segundo sistema de reforço entrou em ação, alimentado por um conjunto de baterias elétricas. As baterias tinham capacidade para operar os sistemas de resfriamento da usina por 24 horas. Em circunstâncias normais, isso teria bastado para restaurar os geradores a diesel ou para conseguir mais baterias. No entanto, o tsunami, o maior que atingiu o Japão nos tempos modernos, destruiu tudo e qualquer coisa em seu caminho. A força da água pulverizou cidades inteiras, 45 mil edifícios e quase 250 mil veículos e instalou o caos nas estradas e pontes da região. As áreas impactadas pelo tsunami ficaram paralisadas, tornando incrivelmente difícil conseguir ajuda médica para os sobreviventes e impossível obter as baterias de reserva para a usina de Fukushima a tempo de substituir as que estavam executando os sistemas de resfriamento. Vinte e quatro horas após o tsunami, as baterias morreram e a temperatura dentro dos reatores começou a subir.

Quando as barras de combustível nuclear derretem, elas se parecem com lava, mas o líquido é muito mais quente. A lava sai de um vulcão em brasas normalmente a 1.000 ºC. O combustível nuclear de óxido de urânio líquido é muito mais temível, um líquido incandescente com temperatura superior a 3.000 ºC. Vai derreter e dissolver praticamente tudo com que entrar em contato. Em Fukushima, abriu caminho através dos 25 centímetros de aço que o continham e continuou a atravessar o piso de concreto de pelo menos um dos reatores. Mas aquilo foi só o início.

O combustível nuclear no reator está envolvido por uma liga feita de zircônio. É incrivelmente resistente à corrosão, exceto em altas temperaturas. A 3.000 ºC, as ligas de zircônio reagem fortemente com a água, produzindo gás hidrogênio. Estima-se que, como resultado do colapso, uma tonelada de gás hidrogênio tenha sido produzida em cada um dos reatores da usina. Em 12 de março, o gás reagiu com o ar dentro do prédio de contenção do reator, criando uma explosão que destruiu o complexo.

É muito difícil conter líquidos e, como resultado, grande parte da contaminação radioativa desses colapsos nucleares penetrou nos sistemas de água da área e, por fim, no mar. De lá, pode ir e vai para qualquer lugar. É por isso que a principal preocupação de todos os engenheiros de resíduos nucleares é impedir a entrada de água em qualquer uma de suas instalações de armazenamento. No entanto, a maioria das usinas nucleares está perto de grandes massas de água, não porque seja mais seguro, mas porque é mais barato. Elas precisam usar a água para o resfriamento: ter um grande suprimento disponível torna a usina muito mais eficiente econômica e energeticamente, mas, como vimos em Fukushima, quando ocorre um desastre, nosso suprimento de água fica vulnerável a uma enorme quantidade de lixo radioativo.

Isso não é apenas um problema nuclear. Quase todas as grandes cidades do mundo são costeiras porque, historicamente, o comércio entre os países exigia portos. Mas, com o aumento do nível do mar como resultado da mudança climática global, o impacto de tsunamis, furacões e tempestades tornará esses lugares – e suas densas populações – cada vez mais vulneráveis. A única maneira de nos protegermos dessa ameaça é chegar a terrenos mais altos ou talvez no ar. Um pensamento tentador que senti no meu poleiro no avião, onde bebia água e olhava onipotente para o vasto Atlântico. Era um dia calmo e limpo, e o oceano parecia quase inocente.

Mas depois houve uma sacudida e todo o avião pareceu cair por um segundo antes de se recuperar. Então aconteceu de novo, tão violentamente que a água pulou da minha garrafa e encharcou meu colo.

"Estamos voando em meio a uma turbulência", anunciou o capitão pelo intercomunicador. "Vou ligar o sinal de *apertar o cinto de segurança*, e peço que todos os passageiros retornem aos seus lugares. Vamos retomar o serviço de bordo em poucos minutos, quando chegarmos a uma zona sem turbulências." O avião caiu vertiginosamente de novo. Senti um nó no estômago e, pela janela, vi que as asas oscilavam descontroladamente.

4. Grudento

Não importa quantas vezes experimente turbulência em um avião, nunca consigo impedir que sementes de pânico se formem no meu cérebro. Racionalmente, eu sabia que as asas não iriam quebrar – estávamos voando em um dos aviões de passageiros tecnologicamente mais avançados já feitos: tinha até visitado a fábrica onde as asas são coladas e vi os testes mecânicos pelos quais passam. Mas, apesar disso, a parte racional do meu cérebro estava sendo ignorada pelos meus neurônios em pânico. Sei que não sou o único. Ao longo dos anos, aprendi a não contar aos outros passageiros que o avião é colado: eles não costumam achar isso reconfortante.

Muitos líquidos são grudentos – isto é, ficarão grudados em você se colocar o dedo neles. O óleo gruda em nós, a água gruda em nós, a sopa gruda em nós, o mel gruda em nós. Felizmente eles se grudam a outras coisas melhor do que em nós, e é por isso que as toalhas funcionam. Quando você toma banho, a água escorre pelo seu corpo, aderindo à sua pele em vez de espirrar para longe, permitindo que siga as curvas do seu peito, da sua barriga e das suas nádegas desafiando a gravidade. Essa viscosidade acontece pela baixa tensão superficial entre a água e sua pele. Quando a água entra em contato com as fibras de uma toalha, elas agem como pequenos pavios – assim como os pavios de vela sugam a cera líquida – para que os microfios da toalha suguem a água do corpo. Então a pele fica seca e a toalha fica molhada. A viscosidade dos líquidos, portanto, não é uma propriedade intrínseca de nenhum líquido em particular, mas é determinada pela forma como eles interagem com diferentes materiais.

No entanto, só porque algo é pegajoso não significa que pode ser usado para colar um avião. Molhe o dedo e aplique-o em uma partícula de poeira e ela grudará em você até que a água evapore. A água não é uma cola porque, embora seja pegajosa, perde sua viscosidade quando evapora. As colas começam como líquidos e, no geral, se transformam em sólidos, criando uma ligação permanente.

Esse é um processo de materiais que os humanos vêm usando há muito tempo. Nossos ancestrais pré-históricos fizeram pigmentos como carvão em pó ou rochas coloridas que ocorrem naturalmente, como ocre vermelho, e os usaram para desenhar figuras nas paredes de cavernas. Para que pudessem aderir às paredes, misturavam os pigmentos com coisas pegajosas como gordura, cera e ovo e inventavam tintas. As tintas são essencialmente colas coloridas, e essas primeiras foram permanentes o suficiente para durar milhares de anos. Algumas das pinturas rupestres mais antigas ainda existentes estão nas cavernas de Lascaux, na França, com cerca de 20 mil anos de idade.

As culturas tribais há muito tempo usam essas substâncias grudentas coloridas como pinturas faciais, uma parte central dos rituais sagrados e da guerra. A tradição continua hoje com a moderna indústria de cosméticos. O batom, por exemplo, é feito de pigmentos misturados com óleos e gorduras que permitem à cor aderir aos lábios. Colocar cola nos seus lábios por horas, mas poder removê-la no final do dia, sempre foi um problema. O mesmo acontece com o delineador e qualquer outro tipo de maquiagem. O problema é um dos principais temas no design da cola – ou seja, que o descolamento costuma ser tão importante quanto a aderência. Falaremos mais sobre isso depois – dominar a aderência já é bastante difícil por enquanto. Se você quiser grudar algo que precisa de força mecânica, como os componentes de um machado, um barco ou, na verdade, um avião, então você precisa de algo mais forte do que tinta ou batom.

Uma antiga pintura de alce-gigante (Megaloceros), a carvão e ocre, em uma caverna em Lascaux, França.

No verão de 1991, dois turistas alemães descobriram o esqueleto de um homem morto enquanto caminhavam pelos Alpes italianos. O homem mumificado tinha 5 mil anos de idade, e mais tarde foi apelidado de Ötzi. Seus restos mortais estavam extremamente bem preservados porque tinham sido envolvidos pelo gelo desde sua morte, assim como suas roupas e ferramentas: ele usava um manto feito de tecido, um casaco, um cinto, perneiras, uma tanga e sapatos, todos feitos de couro. Todas as suas ferramentas tinham sido engenhosamente projetadas, mas, com relação à cola, o machado de Ötzi é o mais interessante. Ele é feito de madeira de teixo, com uma lâmina de cobre amarrada com tiras de couro presas com uma resina de bétula. Esta substância grudenta é produzida aquecendo-se casca de bétula em um pote, produzindo uma gosma preta acastanhada que foi muito utilizada como cola no final do Paleolítico e no Mesolítico. Funciona para ferramentas pesadas como um machado porque, quando se solidifica, forma um sólido resistente. Nossos ancestrais a usaram para colar pontas e penas nas flechas, fazer facas de pedra, consertar a cerâmica e fazer barcos. O líquido é feito principalmente de uma família de moléculas chamadas fenóis.

Seu nome químico pode não ser familiar, mas tenho certeza de que você reconheceria o cheiro: o principal fenol na cola de casca de bétula é o 2-metoxi-4-metilfenol, que tem cheiro de creosoto defumado. Fenolaldeído tem cheiro de baunilha. O fenol de etilo cheira a toucinho defumado; na verdade, sempre que você defuma peixe ou carne, são os fenóis que dão aquele sabor característico.

Quando você aquece a casca da bétula, extrai os fenóis. A resina espessa produzida é basicamente uma mistura de um solvente chamado terebintina e fenóis. A terebintina é a base do líquido, mas evapora ao longo de algumas semanas. Isso deixa apenas a mistura de fenol, que se transforma de um líquido em um alcatrão duro e grudento o suficiente para unir madeira a couro e outros materiais.

A estrutura molecular do 2-metoxi-4-metilfenol, um dos constituintes da cola de casca de bétula. É o hexágono dos átomos de carbono e de hidrogênio unidos a um grupo OH-hidroxila que é a marca registrada de um fenol.

No final, as árvores são excelentes fornecedoras de coisas grudentas. Os pinheiros exsudam nódulos de resina que também fazem boas colas. Um adesivo popular há milhares de anos, a goma arábica, vem da árvore acácia. A resina das árvores Boswellia é uma cola particularmente agradável chamada olíbano. A mirra, outra resina aromática, vem de uma árvore espinhosa do gênero Commiphora. As resinas costumavam ser usadas em medicamentos e em perfumes, talvez porque seus componentes químicos ativos, como os fenóis, tivessem propriedades antibacterianas potentes. O olíbano e a mirra eram tão valorizados na Antiguidade que foram dados como presentes a rainhas, reis e imperadores, e é por isso que a presença deles na história da n" natividade cristã é tão importante.

A viscosidade das resinas das árvores não existe à toa. Elas evoluíram para serem pegajosas, assim poderiam prender insetos e, dessa forma, fornecer uma valiosa forma de defesa para as árvores. A pedra preciosa âmbar é na verdade uma resina de árvore fossilizada, e muitas vezes há insetos e fragmentos de detritos presos dentro dela, perfeitamente preservados.

Uma formiga presa em âmbar, uma resina de árvore fossilizada.

Sem as resinas das árvores, seria muito difícil para nossos primeiros ancestrais construírem ferramentas e equipamentos e para nossa civilização se desenvolver. No entanto, você não iria querer colar um avião com elas – certamente ele se quebraria durante o voo. As moléculas de fenol não se ligam muito fortemente a outras substâncias – a própria molécula é muito autocontida, está feliz colada em si mesma.

Mas, quando você está perto de árvores, não precisa procurar muito longe por colas mais fortes. Considere os pássaros: suas asas não estão aferrolhadas ou parafusadas. Seus músculos, ligamentos e pele estão ligados por famílias de moléculas chamadas proteínas. Nossos corpos estão ligados com elas também. Uma das proteínas mais importantes chama-se colágeno. É comum a todos os animais e relativamente fácil de extrair. Os primeiros humanos usavam peles de peixes e couro de caça selvagem – separavam a gordura e depois ferviam as peles na água. Isso extrai o colágeno dos animais e cria um líquido espesso e claro que se transforma em material sólido e rígido quando esfria: gelatina.

As proteínas de colágeno na gelatina são moléculas longas feitas de um esqueleto de carbono e nitrogênio. Nos animais, as moléculas de colágeno se unem para criar fibrilas fortes que compõem tendões, pele, músculos e cartilagem. Mas, quando elas reagem com água quente nos processos de fabricação de cola, as moléculas de colágeno se separam. Elas agora têm ligações químicas de sobra que querem satisfazer. Em outras palavras, querem se grudar a alguma outra coisa – se tornaram a gelatina de cola animal.

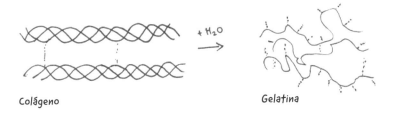

Como a estrutura da fibrila de colágeno se transforma para virar gelatina de cola animal.

Foram as colas animais que substituíram as resinas de madeira como principal suporte das primeiras tecnologias humanas. Os egípcios, por exemplo, usaram a cola animal para fazer móveis e objetos decorativos. De fato, parece que os egípcios foram os primeiros a usar cola para contornar um dos principais problemas mecânicos da madeira – o fato de que ela tem um grão.

LÍQUIDO

A densidade e a organização das fibras de celulose na madeira dão a ela o seu grão, que é determinado não apenas pela biologia das árvores, mas também pelo seu ambiente de crescimento. Assim, o grão varia de espécie para espécie e de árvore para árvore. O resultado é que a madeira é forte sobre o grão, mas tende a rachar ao longo dele. Isso é útil se você estiver rachando troncos para uma fogueira, mas se estiver construindo uma casa, uma cadeira, um violino, um avião ou praticamente qualquer coisa de madeira, isso representa um problema. Quanto mais fino o pedaço de madeira, mais as rachaduras se tornam um problema. Paradoxalmente, a solução é cortar a madeira em pedaços ainda mais finos chamados de folhas de madeira.

Os egípcios foram os primeiros a fazer isso. Eles prenderam pedaços de madeira um sobre o outro, de modo que o grão de cada camada ficasse perpendicular ao de cima. Isso permitiu que construíssem um pedaço de madeira artificial que não tinha uma direção fraca: hoje em dia, chamamos isso de compensado. Eles usavam colas de animais para unir a madeira compensada e isso funcionava razoavelmente bem. Mas, como você já viu se já cozinhou com gelatina, a cola animal se dissolve em água quente. A menos que esteja absolutamente seco, um móvel feito com cola de animal se desfaz. Isso parece ser um grande defeito, mas o Egito é e era um lugar muito seco, por isso eles conseguiam manter a madeira grudada.

E, como foi mencionado, há grandes vantagens em ter uma cola que pode ser solta. Historicamente, os criadores de instrumentos musicais clássicos, como Antonio Stradivari, conhecido como o maior criador de violinos de todos os tempos, usavam cola animal para construir seus instrumentos. Isso permitia a Stradivari descolar qualquer parte com defeito durante a fabricação e, assim, produzir instrumentos quase perfeitos. Hoje, para consertar um

92

instrumento de madeira, os artesãos soltam as juntas com vapor. Isso faz com que a ligação entre a cola e a madeira enfraqueça e depois se dissolva. Assim, a madeira sai intacta e limpa, prolongando a vida útil do instrumento e aumentando seu valor. Na verdade, a maioria das pessoas que trabalha na restauração de móveis usa cola animal precisamente porque é fácil descolá-la usando o calor.

Mas, quando se trata de fazer asas, o calor pode ser um problema real, ou pelo menos é o que a lenda nos diz. Basta ver o que aconteceu com o rei Minos, que governou a ilha mediterrânea de Creta e recebeu de Poseidon, o deus do mar, um belo touro branco como a neve. O rei Minos foi instruído a sacrificar o touro para homenagear Poseidon, mas sacrificou outro no lugar porque não queria matar o mais belo. Para puni-lo, Poseidon fez a esposa do rei Minos se apaixonar pelo touro, e a descendência daquela união foi uma criatura que era meio homem e meio touro – um Minotauro. Esse Minotauro cresceu e se tornou uma fera aterrorizante que comia seres humanos, e por isso o rei Minos conseguiu que seu mestre artesão Dédalo construísse uma prisão para o Minotauro na forma de um elaborado labirinto. Para evitar que Dédalo contasse aos outros os segredos do labirinto, o rei Minos o aprisionou em uma torre junto com Ícaro, filho do artesão. Dédalo, no entanto, era um homem difícil de conter. Ele construiu asas colando penas com cera: um par para ele e outro para Ícaro. No dia da sua fuga, Dédalo avisou seu filho para não voar muito perto do sol. Mas, durante o voo, Ícaro ficou tão empolgado que começou a subir cada vez mais alto. A cera derreteu, as penas se soltaram e Ícaro caiu para a morte.

Se você está se perguntando se um avião moderno poderia se soltar à medida que voa muito alto, devo salientar que o mito de Ícaro desafia a lógica. Voando mais alto, Ícaro teria experimentado temperaturas mais frias, não mais quentes. A temperatura diminui em 1 ºC a cada mil pés de altitude que você ganha, porque a atmosfera é resfriada pela radiação do calor no espaço. A 40 mil pés, a altitude em que meu avião estava voando, a temperatura do lado de fora da minha janela era de aproximadamente -50 ºC, uma temperatura na qual todas as ceras são sólidas.

A queda de Ícaro, que perpetua o mito de que ele caiu porque a cera que mantinha suas asas juntas derreteu.

Também devo dizer que os aviões modernos não são colados usando cera – hoje em dia temos colas muito melhores. A jornada intelectual da descoberta começa com a borracha. A borracha é, naturalmente, outro produto pegajoso vindo da árvore. É extraído da casca da seringueira do Pará, que é originária das Américas Central e do Sul. As culturas mesoamericanas fizeram muitas coisas com ela, incluindo as bolas saltitantes que usavam em seus jogos ritualísticos. Quando os exploradores europeus chegaram ao continente no século XVI, ficaram impressionados com a borracha. Nunca tinham visto nada parecido antes: tem a maciez e a flexibilidade do couro, mas é muito mais elástica e completamente resistente à água. Mas, apesar de seu valor óbvio, ninguém na Europa conseguiu encontrar um uso econômico imediato, até que o cientista britânico Joseph Priestley descobriu que servia para apagar marcas de lápis no papel.

A borracha natural consiste em milhares de pequenas moléculas de isopreno ligadas em uma longa cadeia. Este truque molecular de unir unidades do mesmo produto químico para fazer outro completamente diferente é comum na natureza. Esses tipos de moléculas são chamados polímeros – "poli" significando "muitos" e "mero" significando "unidade". O isopreno é o "mero" na borracha natural. As longas cadeias de poli-isopreno na borracha são todas misturadas como espaguete. As ligações entre cada cadeia são fracas, e é por isso que não há muita resistência se você puxar a borracha: as correntes simplesmente se desfazem. É isso que faz com que a borracha seja tão elástica.

É a elasticidade da borracha que faz com que seja tão pegajosa. Ela pode se moldar facilmente e se encaixar em qualquer espaço, incluindo as fendas em sua mão, que é o que faz com que seja aderente. Essa aderência é a razão pela qual a borracha é perfeita para colocar no guidão de uma bicicleta ou para fabricar pneus – ela gruda o carro na estrada com força suficiente para criar a fricção necessária para mover as rodas para a frente, mas não tão fortemente que o carro fique preso à estrada permanentemente. Da mesma forma, ela prende as mãos no guidão da sua bicicleta com firmeza suficiente para que não escorreguem por acidente, mas você não precisa se preocupar com a possibilidade de ficar preso à bicicleta para sempre.

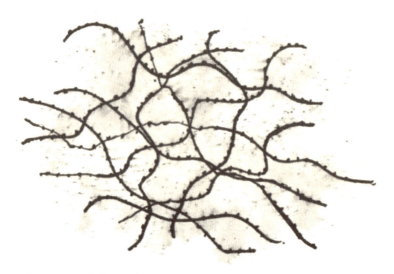

A estrutura da borracha natural, que consiste em um amontoado de longas moléculas de poli-isopreno.

Um dos menos conhecidos, mas mais engenhosos, usos da borracha está em notas adesivas do tipo Post-it. Os Post-its têm uma camada adesiva de borracha que permanece presa às notas quando você as puxa do bloco, para que possam ser fixadas em paredes, mesas, monitores de computador, livros e muitos outros lugares sem danificá-los ou deixar marcas. As esferas microscópicas de borracha que compõem a cola no Post-it ligam-se fortemente à própria nota, mas, quando pressionadas contra uma superfície, criam apenas uma pequena força adesiva. É por isso que, quando você puxa o Post-it de onde ele estiver preso, a borracha fica no papel. Assim, o Post-it é reposicionável e reutilizável. Genial? Bem, na verdade, essa cola não muito grudenta foi uma invenção acidental, descoberta em 1968 pelo dr. Spencer Silver, um químico da empresa 3M, enquanto tentava fazer um adesivo superforte.

Muitos outros produtos adesivos revolucionários surgiram no século XX. Um dos mais importantes deles foi a fita adesiva, criada em 1925 por outro inventor da 3M, chamado Richard Drew. A fita de Drew é composta de três camadas principais. A camada do meio é de celofane, um plástico feito de polpa de madeira que dá à fita sua força mecânica e sua transparência. A camada inferior é um adesivo e a camada superior – a camada crucial – é um material antiaderente, como o Teflon, que tem uma alta tensão superficial com a maioria dos outros materiais e, portanto, não pode ser facilmente molhado por eles (e é por isso que o usamos em panelas antiaderentes). Seu uso em fita é realmente genial: significa que a fita pode ser colocada sobre si mesma sem colar-se permanentemente, permitindo que seja fabricada como um rolo. E um rolo de fita adesiva – bem, que lar está completo sem um? Ou dez, no meu caso.

Dá para conhecer muito sobre alguém pelo modo como a pessoa lida com um rolo de fita adesiva. Tenho que admitir que sou um rasgador, não um cortador. Peça fita para mim, pego o rolo e entusiasticamente tento rasgar um pedaço para você. Provavelmente não vou conseguir da primeira vez. O mais provável é que estraçalhe primeiro alguns pedacinhos, arrancando em um ângulo maluco ou cortando reto, e inevitavelmente vou deixar que o lado com cola grude em si mesmo. Não tenho orgulho disso, é algo que me deixa furioso de verdade. Fico cada vez mais furioso com a fita, que, por sua vez, parece querer me provocar ao voltar tão perfeitamente que não consigo encontrar a ponta. Então tenho que passar meu polegar ao redor do rolo, tentando localizar a ponta apenas pelo tato. Isso pode levar tanto tempo que começo a gritar com a fita. Aí eu a jogo do outro lado do quarto e me pergunto por que ainda não comprei um suporte para fita adesiva.

A fita Gaffer é mais adequada para a minha personalidade. Foi projetada para rasgar sem tesoura. É reforçada com um tecido que passa por todo o rolo e facilita o corte. A força da fita vem das fibras do tecido, enquanto a aderência e a flexibilidade vêm das camadas de plástico e adesivo. Amo muito a fita Gaffer, confesso que invejo as pessoas cujo trabalho exige levá-las no cinto. Pensando nisso, dei uma olhada para Susan, que ainda estava assistindo a um filme, e me perguntei de que tipo de fita ela poderia gostar. Seu livro, *O retrato de Dorian Gray,* de Oscar Wilde, estava na mesinha diante dela. Percebi que ele tinha sido colado usando o que parecia ser fita isolante vermelha. As pontas da fita estavam claramente cortadas com uma tesoura: então ela era esse tipo de pessoa.

A fita adesiva lançada por Richard Drew, embora seja uma invenção útil, não foi a inovação tecnológica que levou ao avião moderno. Isso veio de outro químico norte-americano, chamado Leo Baekeland, que conseguiu fazer um dos primeiros plásticos. Ele fez seu plástico combinando dois líquidos. O primeiro foi baseado em fenóis, os principais constituintes da resina de bétula, e o outro ingrediente era formaldeído, um fluido de embalsamamento. Esses dois líquidos reagem juntos para produzir uma nova molécula que tem uma ligação extra para que mais fenóis se liguem, o que, por sua vez, produz ligações para ainda mais reações com mais fenóis, e no final todo o líquido (se você conseguir as proporções corretas) termina quimicamente preso em um sólido. Em outras palavras, a reação cria uma molécula gigante, e todos os laços que a mantêm unida são permanentes, então qualquer objeto que você tenha criado será duro e forte.

Baekeland usou esse novo plástico para criar uma série de objetos, como os novos telefones que tinham acabado de ser inventados. Isso foi, é claro, muito útil, e Baekeland ganhou uma fortuna. Mas teve outro impacto. Os químicos perceberam que o fenol e o formaldeído podiam ser misturados e aplicados na interface entre duas coisas – colando-as enquanto endureciam. Esse foi o começo de uma nova família de colas chamadas de adesivos de duas partes, que eram mais fortes do que qualquer coisa que existisse antes.

Como dois líquidos, fenol e formaldeído, criam um adesivo forte.

Quanto mais as pessoas usavam esses adesivos de duas partes, mais entendiam como eram úteis. Em primeiro lugar, os diferentes componentes – fenol e formaldeído – poderiam ser armazenados em recipientes separados e, assim, permanecer líquidos até que precisassem ser usados. E então, além disso, você poderia alterar sua composição química por meio de aditivos e torná-los melhores ou piores em molhar e depois aderir a diferentes materiais, como metais ou madeira.

Esse novo tipo de cola causou um grande efeito no mundo dos engenheiros. Eles voltaram a pensar na madeira compensada, desenvolvida no antigo Egito. Se você fizesse madeira compensada usando um adesivo de duas partes perfeitamente projetado para se unir à madeira, teria madeira compensada que não seria unida pela fraca cola animal nem sensível à água. Mas, para esse novo compensado decolar, ainda precisava ser impulsionado por uma forte demanda de mercado. O desenvolvimento simultâneo da indústria aeronáutica forneceu exatamente isso. No início do século XX, a maioria dos aviões era feita de madeira, mas, por causa do grão da madeira, estava sujeita a rachaduras. O compensado era a solução perfeita – podia ser moldado em formas aerodinâmicas e era confiável e resiliente graças aos novos adesivos de duas partes.

Um bombardeiro de Havilland Mosquito, que era feito de madeira compensada.

O avião de compensado mais famoso já construído foi o bombardeiro de Havilland Mosquito. Quando foi introduzido na Segunda Guerra Mundial, era o avião mais rápido do céu. Como poderia ultrapassar todos os outros aviões, nem sequer estava equipado com metralhadoras defensivas. Permanece, até hoje, talvez o mais belo objeto de compensado de todos os tempos. Sua elegância e sua sensualidade vêm da capacidade de moldar o compensado em formas complexas enquanto as colas se solidificam, uma propriedade que manteve sua popularidade entre os designers por décadas.

Uma cadeira de madeira compensada projetada por Charles e Ray Eames.

Após a guerra, a madeira compensada continuou a revolucionar nosso mundo – desta vez com os móveis. Dois dos designers mais inovadores da época foram Charles e Ray Eames, que usavam compensado para reimaginar os móveis de madeira. Seus projetos se tornaram clássicos, especialmente o que hoje é conhecido como a cadeira Eames. Essas cadeiras ainda são feitas e imitadas – entre em qualquer café ou sala de aula e é provável que você as veja. Outras modas vieram e passaram, mas a madeira compensada manteve seu apelo.

Enquanto a mobília de madeira compensada resistiu ao teste do tempo, a engenharia aeronáutica continuou avançando. Depois da guerra, as ligas de alumínio tornaram-se o material preeminente para a fabricação de aeronaves, mas não por serem mais resistentes que os compensados ou ainda mais rígidas. Não, o alumínio

LÍQUIDO

venceu porque poderia ser fabricado, pressurizado e certificado de forma mais confiável, especialmente quando os aviões ficaram maiores e começaram a voar mais alto. É muito difícil impedir que a madeira compensada absorva água ou que resseque. Aviões de madeira compensada que passassem muito tempo em países áridos acabariam ressecando, causando o encolhimento do material e colocando pressão sobre as juntas coladas. Da mesma forma, quando as aeronaves eram levadas a locais muito úmidos, a madeira compensada se expandia (ou até apodrecia), novamente comprometendo a segurança da aeronave.

O alumínio não sofre com esses defeitos. Na verdade, é incrivelmente resistente à corrosão e, como tal, foi a base das estruturas de aeronaves nos cinquenta anos seguintes. Mas não é de modo algum perfeito – não é rígido ou forte o suficiente para criar aeronaves realmente leves e eficientes em termos de combustível. Assim, mesmo quando a produção de aviões de alumínio estava no auge, uma geração de engenheiros quebrava a cabeça sobre qual seria o material ideal para o revestimento de um avião. Eles se perguntaram se seria outro metal ou algo completamente diferente. A fibra de carbono parecia promissora, pois era dez vezes mais dura que o aço, o alumínio ou o compensado. Mas a fibra de carbono é um material têxtil e, na época, ninguém conseguia fazer uma asa de avião com ela.

A resposta, descobriu-se, era cola epóxi. Os epóxis são outra formulação adesiva de duas partes, mas em seu núcleo está sempre uma única molécula chamada epóxido.

Existe um anel no centro da molécula de epóxido com dois átomos de carbono conectados a um átomo de oxigênio. A quebra dessas conexões abre o anel, permitindo que o epóxido reaja com outras moléculas para criar um sólido forte. A reação de endurecimento não se inicia antes que o anel seja aberto, quebrando as ligações carbono-oxigênio, e isso é geralmente feito adicionando-se um "endurecedor".

O anel de uma molécula de epóxido sendo aberto por um endurecedor, permitindo que forme uma cola de polímero.

Uma das principais vantagens dos epóxis é que a reação depende da temperatura; você pode misturar e a ligação não vai começar enquanto você não quiser. Isso é essencial para a produção de peças reforçadas com fibra de formato complexo, como as de uma asa de avião, todas enormes e exigindo semanas para serem fabricadas. Quando você estiver finalmente pronto para transformar a cola em um sólido forte, coloque-a em um forno de pressão, aqueça a asa até a temperatura certa e pronto. Esses fornos são chamados de autoclaves e podem ter o tamanho de uma aeronave. Todo o ar é removido dos moldes do avião antes de serem aquecidos, resolvendo outro problema das colas – elas costumam prender o ar dentro de uma ligação, formando uma bolha que, depois de endurecida, torna-se um ponto fraco. Outra grande vantagem dos epóxidos é que são quimicamente muito versáteis. Os químicos podem fixar diferentes componentes ao anel epóxido, o que permite que ele se ligue a diferentes materiais, como metais, cerâmicas e, sim, fibra de carbono.

Você pode estar se perguntando por que as resinas epóxi vendidas em lojas de ferramentas não precisam ser aquecidas e esterilizadas em autoclave antes de serem usadas para reparar louças

LÍQUIDO

quebradas ou colar partes metálicas em seus eletrodomésticos. Estes têm endurecedores químicos diferentes dos usados para fazer aeronaves e foram projetados para reagir com a molécula de epóxido à temperatura ambiente. A cola é vendida em dois recipientes, que você precisa misturar. Um tubo contém a resina epóxida e o outro contém um endurecedor e vários aceleradores que tornam a reação mais rápida, permitindo que a cola se solidifique em um curto período. Essas epóxis domésticas não são tão fortes quanto as versões aeroespaciais, mas ainda são muito poderosas.

Tudo isso pode parecer fácil, mas levou décadas para desenvolver a compreensão e a tecnologia fundamentais das estruturas do composto até o ponto em que todos confiassem nesses aviões de fibra de carbono voando. Primeiro, os compostos de fibra de carbono foram testados no solo em carros de corrida e provaram ser muito bem-sucedidos. Os carros de corrida até possuem peças de carbono em seus motores agora, e sim, você adivinhou, projetamos epóxis que podem ser usadas nesse ambiente de alta temperatura. Depois dos carros de corrida, os compostos de fibra de carbono foram aplicados às próteses, uma grande inovação porque são mais duras e fortes que muitos metais, e muito mais leves também. As "lâminas" que estão sendo usadas por corredores com deficiência são feitas de compostos de fibra de carbono. O material também está sendo usado para fazer bicicletas e, até hoje, as bicicletas de maior desempenho no mundo são feitas de compostos de fibra de carbono colados usando epóxi. E, claro, os mais recentes aviões de passageiros comerciais da Boeing e da Airbus são feitos de compostos de fibra de carbono – incluindo aquele que me levava naquela viagem transatlântica.

Assim como parafusos e rebites deram lugar a colas e adesivos em próteses e no setor aeroespacial, parece muito provável que os pontos e parafusos deem lugar à cola em hospitais. Quando cortei

104

a cabeça jogando futebol recentemente, fui para o hospital com um lenço ensanguentado na cabeça e passei duas horas sentado na sala de espera. Fui finalmente chamado para ser visto por um médico, que limpou a ferida na minha cabeça e então pegou um tubo de cola de cianoacrilato. Ele passou nos lados da minha ferida, depois apertou por dez segundos e me mandou para casa. Não era um desses médicos mal-humorados tentando economizar tempo; já virou prática padrão em hospitais.

A cola de cianoacrilato é mais conhecida como supercola e é um líquido muito estranho. Por si só, o líquido é um óleo e se comporta assim. Mas, se exposto à água, as moléculas de H_2O reagem com as de cianoacrilato. Isso abre a dupla ligação que mantém cada molécula unida, tornando-a disponível para reagir com outra molécula de cianoacrilato. Isso cria uma molécula dupla com uma ligação química extra pronta para reagir com outra coisa. E assim acontece, reagindo com outra molécula de cianoacrilato, o que cria uma molécula tripla com outra ligação extra, que reage também, e assim por diante. Conforme essa reação da cadeia continua, uma molécula mais longa e interligada é produzida. Isso já é inteligente, mas fica ainda mais quando você percebe que uma fina camada de líquido cianoacrilato só precisa do vapor de água que já está no ar para se transformar em um sólido. Enquanto muitas colas não aderem em um ambiente úmido porque toda a água impossibilita a aderência a uma superfície, a supercola funciona em qualquer lugar. Por outro lado, como qualquer um que já tenha se atrapalhado com ela sabe, é muito fácil colar os dedos, razão pela qual os químicos estão em busca de uma maneira de descolar rápida e confortavelmente a supercola.

LÍQUIDO

Cianoacrilato   Polímero

Uma molécula de água abrindo uma molécula de cianoacrilato para criar uma cola de polímero.

Além dos dedos, as colas estão unindo boa parte do mundo hoje em dia, e é bem provável que isso aumente, porque, como a aeronave em que eu estava sentado demonstrava bem ao resistir a uma turbulência a 800 km/h, as colas estão à altura desse desafio. Nós provavelmente nem sequer arranhamos a superfície do que as colas podem fazer, ainda mais quando se considera apenas quantas substâncias fortes e grudentas outros organismos vivos estão usando. É raro passar um dia sem que algum cientista descubra uma nova cola usada por plantas, mariscos ou aranhas.

Eu pensava nisso enquanto passava pelos filmes disponíveis no entretenimento a bordo e hesitei quando vi *Homem-Aranha*. *Sim, a viscosidade é realmente um superpoder*, pensei, e apertei o *play*.

106

5. Fantástico

Abaixei a persiana da janela, bloqueando o sol brilhante. Isso sempre parece algo errado; não há um dia na minha vida normal em que eu não sonhe em saltar através das nuvens cinzentas que perpetuamente pairam sobre Londres para aproveitar o sol. Mas, como já estava voando havia um tempo, queria assistir a um filme e precisava que ficasse escuro para poder ver a tela corretamente. Minha vizinha, Susan, ergueu os olhos quando fechei a persiana: isso a tinha afetado também. Então levantei a persiana um pouquinho, deixando que alguns raios brilhantes de luz entrassem, e fiz o gesto de polegar para cima, perguntando se estava tudo bem em baixar as persianas: ela acenou com a cabeça concordando, acendeu a luz sobre sua poltrona, e se enterrou de volta em seu livro. Senti que ela ficou irritada comigo.

Se as telas fossem mais como quadros, pensei, quadros feitos de pigmentos que pudessem mudar, permitindo que os personagens na tela se movessem como fazem em um filme, então eu não teria que abaixar a persiana. Mas, assim que esse pensamento entrou na minha cabeça, lembrei que o livro que Susan estava lendo,

O retrato de Dorian Gray, era sobre uma pintura exatamente assim. Isso foi um pouco estranho, e de acordo com o enredo assustador do livro. Oscar Wilde escreveu o romance em 1890, bem quando os cristais líquidos foram descobertos, e ele não poderia prever que levariam à origem da tecnologia de tela plana que eu estava usando para assistir a *Homem-Aranha* – nem poderia saber que seriam a tecnologia capaz de criar a pintura mágica, mas sinistra, no coração de seu romance.

No livro, o epônimo Dorian Gray, um jovem rico e bonito, tem seu retrato pintado. Quando Dorian vê o trabalho finalizado, fica atormentado pelo pensamento de que ele irá envelhecer e ficar menos bonito, mas a pintura não. Então ele reclama:

> *Ele jamais envelhecerá além deste dia de junho... Se pudesse ser diferente! Se eu permanecesse sempre jovem e o retrato envelhecesse! Por isso — por isso — eu daria tudo! Sim, não há nada em todo o mundo que eu não daria! Daria a minha alma por isso!*[1]

O desejo de Dorian é misteriosamente concedido. Ele leva uma vida hedonista, apaixonado por sua própria beleza, sua própria juventude e pelos prazeres sensuais que isso traz, destruindo a vida dos outros enquanto vive assim. O quadro, na verdade, dá a ele superpoderes, mas diferentes dos que possui o Homem-Aranha, que pulava na minha tela. O Homem-Aranha tem uma superforça, a capacidade de se agarrar a edifícios e um "sentido aranha" que lhe permite detectar o perigo. O superpoder de Dorian Gray é que ele nunca envelhece ou se torna menos bonito, é a foto que envelhece no lugar dele. Olhei para Susan – que agora estava no escuro, lendo *O retrato de Dorian Gray* debaixo da luz acima de sua cabeça

---

1 Wilde, Oscar. *O retrato de Dorian Gray*. Tradução de Paulo Schiller. Penguin Companhia, 2012. [N. T.]

– e fiquei pensando em como seria difícil criar um quadro que se movesse.

Uma ilustração do momento em que Dorian Gray vê pela primeira vez seu retrato juvenil.

Quando você pinta uma tela, o líquido gruda nela e em qualquer outra camada de tinta já colocada – como nossos primeiros ancestrais aprenderam com suas pinturas rupestres, a tinta é efetivamente uma cola colorida. Assim, o trabalho da tinta é passar de um líquido para um sólido e permanecer no mesmo lugar para sempre. Diferentes tintas conseguem isso de maneiras diferentes. A aquarela faz isso secando, liberando água no ar por evaporação e deixando apenas os pigmentos na página. A tinta a óleo é feita de óleos – geralmente de papoula, nozes ou linhaça. Não seca. Em vez disso, tem outro truque na manga: reage com o oxigênio no ar. Normalmente, esse tipo de reação deve ser evitado, porque a oxidação faz com que a manteiga e os óleos de cozinha, por exemplo, fiquem rançosos e amargos. Mas, no caso da tinta a óleo, é uma vantagem. Os óleos são compostos por longas moléculas de cadeias de hidrocarbonetos. O oxigênio agarra um átomo de carbono de uma cadeia e o une a outro por meio de uma reação, abrindo,

LÍQUIDO

no processo, essa molécula para outras reações. Ou seja, o oxigênio age como um endurecedor (igual à água na supercola) – e, sim, essa é outra reação de polimerização.

Essa reação é extremamente útil porque produz um acabamento duro e impermeável de plástico na tela (a pintura a óleo poderia ser mais precisamente chamada de pintura plástica), é incrivelmente resistente e duradoura. A polimerização leva tempo, já que o oxigênio precisa se difundir através das camadas mais altas e duras de tinta antes que possa chegar ao óleo que não reagiu por baixo. Esta é a desvantagem da tinta a óleo – você tem que esperar muito tempo para que ela endureça. Mas os grandes mestres da pintura a óleo, como Van Eyck, Vermeer e Ticiano, usaram isso a seu favor. Eles usavam muitas camadas finas de tinta a óleo que, uma a uma, reagiam quimicamente com o oxigênio e endureciam, formando várias camadas de plástico semitransparente uma sobre a outra. Um invólucro complexo de muitos pigmentos de cores diferentes.

Colocar camadas de tinta gradualmente permite ao pintor criar um trabalho com nuances maravilhosas, porque, quando a luz atinge a tela, ela não apenas reflete a camada superior – parte dela penetra até as camadas inferiores, interagindo com os pigmentos profundos do quadro e refletindo como luz colorida. Ou então é totalmente absorvida pelas diferentes camadas e, portanto, produz pretos profundos. É uma maneira sofisticada de controlar cores, luminosidade e textura, e foi exatamente por isso que a pintura a óleo foi adotada pelos artistas da Renascença. Uma análise do quadro de Ticiano *A ressurreição* revela nove camadas de tinta a óleo, todas trabalhando para criar efeitos visuais complexos. Foi exatamente a intrincada expressividade da tinta a óleo que tornou a arte da Renascença tão sensual e passional. O efeito de camadas é tão poderoso que transcendeu suas raízes na pintura a óleo e agora está incorporado em todas as ferramentas profissionais de ilustração digital. Se você usar o Photoshop, o Illustrator ou qualquer outra ferramenta de computação gráfica, criará imagens em camadas.

Assim como as camadas, o óleo de linhaça também é usado para muitas aplicações além da tinta a óleo, como o tratamento da madeira, criando uma barreira plástica protetora transparente – assim como a tinta a óleo, mas desta vez sem cor. Um taco de críquete é apenas um dos muitos objetos de madeira que tradicionalmente recebem um revestimento externo usando óleo de linhaça. Você também pode ir com tudo e usar óleo de linhaça para fazer um material sólido chamado linóleo, novamente por meio de uma reação de polimerização. O linóleo, um plástico, tem sido usado por designers e decoradores de interiores como cobertura de piso impermeável. Artistas usam linóleo também. Eles entalham imagens como fazem com xilogravuras, para criar impressões. Aqui, mais uma vez, as camadas são o principal meio de aumentar a complexidade no trabalho final.

Uma linoleogravura, Secret Lemonade Drinker, *de Ruby Wright.*

Por mais visualmente absorventes que sejam, nem a gravura nem a pintura a óleo produzirão uma imagem em movimento. Mas, se você pegar uma molécula à base de carbono, uma não tão diferente daquelas encontradas no óleo de linhaça, como o 4-ciano-4'-pentilbifenil, de repente uma imagem em movimento pode se tornar possível.

A estrutura molecular do 4-ciano-4'-pentilbifenil, comumente usado em cristais líquidos.

O corpo principal de uma molécula de 4-ciano-4'-pentilbifenil é constituído por dois anéis hexagonais. Isso lhe confere uma estrutura rígida, mas os elétrons que os ligam não estão uniformemente distribuídos: é uma molécula polar. Existem áreas concentradas em carga elétrica negativa e algumas concentradas em carga elétrica positiva. As cargas positivas em uma molécula atraem as negativas de outra, aumentando a tendência das moléculas de se alinharem em uma estrutura organizada – um cristal. Mas a cauda do 4-ciano-4'-pentilbifenil tem um grupo CH_3 nela, um que é flexível e se mexe, agindo em oposição à formação de um cristal. Assim, as estruturas de 4-ciano-4'-pentilbifenil são parcialmente organizadas e parcialmente fluidas – um chamado cristal líquido.

Acima da temperatura de 35 ºC, a influência da cauda do CH_3 vence e o 4-ciano-4'-pentilbifenil se comporta como um óleo normal transparente. Mas se o esfriarmos até a temperatura ambiente o líquido fica com uma aparência leitosa. Não é sólido a essa temperatura, mas algo estranho aconteceu com ele. As moléculas começaram a se alinhar umas com as outras da mesma maneira que os peixes se alinham quando fazem parte de um cardume. É muito incomum que os líquidos tenham uma estrutura como essa. Uma das qualidades definitivas de um líquido é que seus átomos e moléculas têm muita energia para permanecer em um lugar por qualquer período e, assim, estão constantemente girando, vibrando e migrando. Mas os cristais líquidos são diferentes – as moléculas ainda são dinâmicas e podem fluir, mas elas mantêm um alinhamento de sua orientação, que foi comparado ao alinhamento regular de átomos em um cristal – daí o nome.

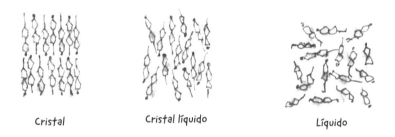

Cristal   Cristal líquido   Líquido

Uma ilustração da diferença de estrutura entre um cristal, um cristal líquido e um líquido.

No entanto, o alinhamento não é perfeito: como as moléculas estão em estado líquido, elas continuam se movimentando, trocando de lugar umas com as outras e juntando-se a outros cardumes. Mas as moléculas polares dão ao cristal líquido outra propriedade útil – respondem aos campos elétricos aplicados. Fazem isso mudando a direção de alinhamento. Assim, você pode fazer todo o cardume virar para uma determinada direção aplicando uma voltagem. Isso acaba sendo fundamental para o sucesso tecnológico dos cristais líquidos; é o que permite que sejam integrados em dispositivos eletrônicos.

LÍQUIDO

Quando a luz viaja através de um cristal líquido, ocorrem mudanças sutis; a polarização muda. Para entender isso, pense na luz como uma onda de campos elétricos e magnéticos oscilantes. Mas em qual direção eles oscilam? Para cima e para baixo, lado a lado, ou esquerda e direita? A luz padrão do sol oscila em todas essas direções. Mas se ela for refletida por uma superfície lisa, a superfície irá estimular as oscilações a se moverem em certas direções e suprimir outras, dependendo de qual for seu alinhamento. Assim, a luz refletida conterá algumas oscilações e não outras. Isso se chama luz polarizada.

Não são apenas superfícies que fazem isso com a luz. Alguns materiais transparentes também mudarão a polarização da luz, como os óculos de sol polarizados, cujas lentes permitem apenas uma direção de oscilação. Isso obviamente reduz a intensidade da luz que atinge seus olhos, e é por isso que você vê o mundo mais escuro. São especialmente úteis na praia, não apenas porque fazem sombra sobre os olhos, mas porque o brilho que sai da superfície do mar também é polarizado, e as lentes são projetadas para bloqueá-lo. Os pescadores usam óculos de sol polarizados para ajudá-los a enxergar debaixo d'água com mais facilidade, e os fotógrafos usam lentes polarizadas pelo mesmo motivo – para reduzir o brilho.

Algumas aranhas conseguem detectar luz polarizada, e fiquei pensando se isso poderia ser parte da capacidade do Homem-Aranha de reagir rapidamente ao perigo, seu assim chamado "sentido aranha". No filme, ele tinha acabado de escapar do Doutor Octopus, com uma curiosa decisão tomada em milésimos de segundo que evitou os tentáculos do vilão. Os efeitos especiais eram incríveis, e eu sorri para Susan, esquecendo que, apesar do meu interesse em seu livro, ela não tinha um interesse recíproco no *Homem-Aranha*.

114

Cristais líquidos mudam a polarização da luz – era assim que a imagem do Homem-Aranha aparecia na tela na minha frente. Se você colocar uma lente de seus óculos de sol polarizados na superfície de um cristal líquido, a luz que emana dele aparecerá brilhante se sua polarização estiver alinhada com a lente, mas, caso contrário, aparecerá escura. Mas aqui está o truque: se você mudar a estrutura do cristal líquido usando um campo elétrico, a polarização do cristal líquido também mudará. Então, ao apertar um botão, você pode acender ou apagar a luz. De repente, você tem um dispositivo que é capaz de fornecer luz branca, depois nenhuma, e então voltar a ficar branco de novo, tão rápido quanto puder alternar eletronicamente a estrutura do cristal líquido – os ingredientes de uma tela em preto e branco.

Isso pode parecer simples, mas demorou décadas para ser alcançado. Foi um botânico austríaco chamado Friedrich Reinitzer quem primeiro categorizou o estranho comportamento dos cristais líquidos em 1888, apenas dois anos antes de Oscar Wilde escrever *O retrato de Dorian Gray*. Enquanto muitos cientistas os estudaram ao longo dos oitenta anos seguintes, ninguém conseguiu encontrar alguma utilidade para eles. Foi só em 1972, quando a Hamilton Watch Company lançou o primeiro relógio digital, chamado Pulsar Time Computer, que os cristais líquidos encontraram o seu momento. O relógio era ótimo, diferente de todos os outros, e custava mais do que um carro comum. As pessoas que compraram achavam que estavam comprando o futuro – e estavam certas: a tecnologia digital estava chegando, e esse foi o primeiro item de massa do que se tornaria uma indústria de trilhões de dólares.

O Pulsar Time Computer era feito com LEDs – diodos emissores de luz – que, por sua vez, eram feitos de cristais semicondutores que emitem luz vermelha em resposta a uma corrente elétrica. Eles eram lindos, especialmente sobre um fundo preto, e os ricos e famosos ficaram loucos por eles – até mesmo James Bond usou um no filme *Com 007 viva e deixe morrer*, de 1973. A desvantagem dos LEDs naquela época, porém, era seu alto consumo de energia: a bateria daqueles primeiros relógios digitais durava bem pouco. A fim de satisfazer a grande demanda recém-descoberta por relógios digitais, seria necessária uma tecnologia de tela mais eficiente em termos de energia. De repente, após décadas como curiosidade de laboratório, os cristais líquidos ganharam uma utilidade. Eles rapidamente dominaram o mercado de relógios digitais, porque a energia elétrica necessária para mudar um pixel de cristal líquido de branco para preto é absolutamente minúscula. Eles eram baratos também – tão baratos que os fabricantes começaram a fazer todo o monitor de cristal líquido – essa é a tela cinza que você vê em um relógio digital. O relógio acende eletronicamente certas áreas do cristal líquido cinza para bloquear a luz polarizada, o que cria o preto. Isso permite que o relógio mostre números variáveis, para que você possa ver a hora, a data ou qualquer outra coisa que possa ser transmitida nesse pequeno formato digital.

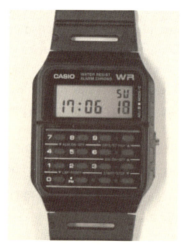

Um relógio-calculadora da Casio.

Uma das minhas lembranças mais marcantes da infância foi a inveja insana que senti quando meu amigo Merul Patel voltou à escola depois das férias com o novo relógio-calculadora digital da Casio. Fiquei absurdamente impressionado quando ele pressionava os pequenos botões que bipavam contentes. Claro, vejo agora que é meio idiota – quem realmente quer uma pequena calculadora? Mas ainda assim, na época, fiquei completamente cativado. Foi o começo do meu vício em aparelhos eletrônicos.

Embora os relógios digitais não sejam mais tão legais, eles foram substituídos por um desfile aparentemente interminável de outros aparelhos digitais, entre os quais os celulares, que ainda usam telas de cristal líquido. Pode parecer surpreendente, mas a tecnologia básica usada em um relógio digital é a mesma que produziu a tela moderna do smartphone, capaz de exibir vídeos coloridos. Isso nos leva de volta às pinturas a óleo e ao quebra-cabeça da criação da pintura em movimento que aparece no romance *O retrato de Dorian Gray*. cristais líquidos poderiam ser o necessário – mas como eles criam cores?

Todos sabemos que, se você pegar a tinta amarela e misturar com a azul, nossos olhos interpretam essa mistura como verde. Da mesma forma, se você pegar tinta vermelha e adicionar azul, obterá roxo. A teoria das cores mostra que você pode criar qualquer cor particular misturando combinações de cores primárias. Na indústria de impressão, ciano (C), magenta (M) e amarelo (Y) são geralmente usados com a adição do líquido preto (K) para controlar o contraste. É também assim que as impressoras a jato de tinta funcionam, e por isso você vê a abreviatura CMYK na lateral dos cartuchos da impressora. Essas cores são impressas na página pela sua impressora, ponto a ponto, e são nossos olhos e nosso sistema visual que as integram em uma cor coerente. Sabemos que o olho pode ser enganado assim há muito tempo. Newton notou essa manipulação no século XVII e ela foi usada como técnica de pintura pelos pontilhistas no século XIX. A principal vantagem é que as gotas de pigmentos permanecem fisicamente separadas, e assim seu brilho e sua luminosidade podem ser controlados para criar o efeito desejado. Como previsto pela teoria das cores, é possível fazer qualquer cor misturando tintas dessa forma, desde que os pontos sejam pequenos e colocados próximos uns dos outros. Mas mudar a cor uma vez que você os criou é outra história. Você teria que alterar fisicamente as proporções dos pigmentos na tela. O que significa que seria preciso remover alguns pontos e adicionar outros. A menos, é claro, que você encontrasse uma maneira de colocar pontos com todas as possíveis combinações de cores.

É assim, essencialmente, que os monitores coloridos de cristal líquido funcionam, seja no celular, na TV ou, como no meu caso, no encosto do banco na minha frente no avião. Nós chamamos os pontos de pixels. Cada pixel tem três filtros coloridos que permitem a passagem de três cores primárias. Nos monitores, estes são vermelho (R), verde (G) e azul (B) – daí a abreviação RGB. Se todos eles forem emitidos igualmente, o pixel aparecerá branco, mesmo que seja composto de três cores separadas. É possível ver isso se você colocar uma pequena gota de água na tela de seu celular e olhar através dela para a tela. A água se comporta como uma lupa que permite ver os conjuntos de três pixels diferentes: vermelho, verde e azul.

Assim como os mestres da pintura a óleo tiveram que descobrir como criar escuridão e sombra em seu trabalho misturando cores e inventando uma teoria das cores para a percepção, os engenheiros e cientistas de telas de cristal líquido de hoje tiveram que expandir os limites da tela colorida com imagens em movimento. E, assim como no Renascimento, quando a pintura a óleo disputava com outras técnicas, como o afresco e a têmpera, hoje em dia as telas de cristal líquido (LCDs) competem com diodos emissores de luz orgânicos (OLEDs). Essa batalha, que atualmente está sendo disputada em todas as novas gerações de TVs, tablets e smartphones, tem sua própria linguagem enigmática. Os LCDs, você pode descobrir em algum blog, não conseguem mostrar pretos profundos, porque os polarizadores que impedem a luz de passar durante uma cena escura em um filme não são 100% eficazes, e por isso acabamos vendo cinzas. Da mesma forma, pelo modo como a cor é criada nos LCDs, o brilho absoluto de algumas cores não é suficiente. Daí o problema com as persianas na cabine do avião e o motivo pelo qual não quero ter a luz do sol refletida na tela piorando as coisas.

No entanto, os monitores se aprimoraram graças às grandes inovações que, em última análise, não são tão diferentes das camadas de tinta a óleo. Por exemplo, a adição de uma camada ativo-matriz permite que alguns dos pixels sejam alternados independentemente de outros. Assim, algumas partes da imagem podem receber maior contraste que outras – em vez de termos que definir o contraste para toda a imagem. Isso é útil para cenas de um filme que estão parcialmente iluminadas. Tudo é feito automaticamente, é claro, com tecnologia de transistor – é o que significa o "ativo" em "ativo-matriz". Os engenheiros também aprenderam a melhorar a maneira como a imagem muda dependendo do seu ângulo de visão. Antes não era possível ver a tela muito bem a partir de certos ângulos, mas agora uma "camada difusora" é incorporada, o que espalha a luz ao sair da tela. Em comparação, a tecnologia dos OLEDs, que são os sucessores dos diodos emissores de luz vermelha do relógio digital original, o Pulsar Time Computer, são agora eficientes em termos energéticos. Também possuem uma paleta de cores muito maior e ângulos de visão quase perfeitos. Mas, apesar de serem muito mais caros que os LCDs, ainda não são tão brilhantes.

Os LCDs podem não ser perfeitos, mas são essencialmente a tela dinâmica com que Oscar Wilde sonhou. Agora é possível ter um retrato próprio em exibição na sua sala (ou no seu sótão) que é atualizado diariamente. Quando os monitores de cristal líquido se tornaram realmente baratos, há alguns anos, as pessoas começaram a oferecê-los umas às outras como presentes na forma de molduras dinâmicas para fotos. Mas eles acabaram não sendo tão populares. Na verdade, as pessoas os odiavam, assim como Dorian Gray odiava seu retrato dinâmico. Estou convencido de que não era a qualidade da imagem que eles odiavam – muitas pessoas adoram olhar para si mesmas em sua tela de smartphone de cristal líquido –, mas, sim, algo sobre a própria natureza dessas telas. São impostoras, algo fluido, mágico e surreal, fingindo ser uma fotografia sólida, confiável e real de um momento congelado no tempo.

Quando aplicada à televisão na forma de TVs de tela plana, essa mesma tecnologia é muito popular. Alternar a cor dos pixels de maneira coordenada permite que as telas da TV exibam imagens em movimento. É por isso que podemos ver atores conversando, gesticulando e fazendo diversas expressões faciais, e, no caso do filme a que eu estava assistindo, pulando de prédio em prédio, salvando o mundo do mal. Mesmo sabendo que o que eu estava vendo não era real, que era apenas uma coleção de pixels de cores primárias piscando junto a uma trilha sonora, isso ainda me estimulava, intelectual e emocionalmente, absorvendo-me completamente na história. Mas aqui está a coisa que acho realmente difícil de entender. Se eu comparar a experiência de assistir a este filme em um avião com a de olhar uma obra-prima como a *Ressurreição* de Ticiano em uma galeria de arte, sei qual é mais provável que me toque. É o filme, receio. Não tenho orgulho disso. Sei que os quadros de Ticiano são ótima arte, e filmes de super-heróis em telas de dez polegadas não são. Por que sou tão superficial?

Será que a 40 mil pés eu perco todo o gosto pela arte? Ou tem algo a ver com o elevado estado emocional de voar?

Imagens estáticas como pinturas e fotografias permitem que nos contemplemos e percebamos o quanto mudamos de visualização para visualização. Ao revisitarmos grandes obras de arte, sejam elas de Ticiano, Van Gogh ou Frida Kahlo, ao longo de nossas vidas, podemos traçar nossas reações a elas. As imagens podem permanecer as mesmas, mas nossa percepção do que significam muda à medida que mudamos. As mágicas telas líquidas nos aviões atuam de maneira oposta; são dinâmicas e nos oferecem uma janela vívida para outro mundo. Permitem que escapemos de nós mesmos. Voando acima das nuvens a 40 mil pés, em uma cabine escura, entramos em uma fantasia. Podemos agir, por um tempo, como deuses, olhando para os feitos dos humanos através de nossos portais líquidos, observando-os, rindo da tolice deles, balançando nossas cabeças para suas loucuras. Ao fazer isso, nossas emoções são intensificadas. Algumas pesquisas acadêmicas sugerem que isso se deve ao extremo contraste entre a sensação de intimidade e calor com as imagens do filme e a dura realidade de voar enquanto estamos sentados ao lado de estranhos em um tubo a 40 mil pés de altura. Isso certamente soa verdadeiro para mim. Eu só choro quando assisto a filmes em aviões; pequenas lágrimas se acumulam até mesmo no filme mais açucarado e morro de tanto rir das comédias que, no chão, dificilmente levariam a um sorriso.

Quando meu filme terminou, o Homem-Aranha tinha vencido, mas não havia registro de nenhuma das cenas a que tinha assistido nos cristais líquidos. Tinham ficado vazios, prontos para assumir outro sonho. Eu me senti menos divino. Olhei para Susan, que tinha se enrolado em um cobertor e estava dormindo em uma posição que parecia confortável, embora eu soubesse por experiência que não era. Fiquei tentado a abrir as persianas e deleitar

LÍQUIDO

meus olhos com o céu azul de novo, mas não queria me arriscar a acordá-la. Pensei se estava com sono e achei uma boa ideia tentar cochilar. Tirei meus sapatos, reclinei meu assento e tentei esquecer como é difícil para mim adormecer em aviões.

6. Visceral

Acordei abruptamente quando Susan me empurrou para longe do ombro dela, onde minha cabeça estava descansando. A vergonha que senti intensificou-se quando vi que uma linha fina de baba tinha escapado da minha boca e estava pendurada sobre a manga da Susan. Minha mão se moveu bruscamente para limpar, mas não consegui olhar para o rosto de Susan e me desculpar, então fingi que ainda estava dormindo. Afundei a cabeça no outro lado da cadeira e tentei enfiá-la no espaço entre a parede rígida de polipropileno da cabine e a capa de acrílico do assento. Era desconfortável, desajeitado e um pouco doloroso, mas senti que merecia essa punição. Eu estava bem acordado agora, mas com os olhos fechados. Por quanto tempo eu teria que fazer isso até que pudéssemos legitimamente fingir esquecer o que tinha acontecido? Essa foi a coisa mais embaraçosa que já aconteceu comigo? Não. Mas definitivamente estava entre as principais, junto com a vez em que fiz xixi nas calças na escola, ou quando vomitei de repente enquanto corria até o banheiro em um restaurante lotado e quando vi meu avô espirrar sobre a minha sopa assim que ela foi servida. Eu repito essas cenas de horror da minha vida em intervalos regulares. Sua intensidade nunca parece diminuir. Por que os fluidos corporais são tão carregados de emoção? Até mesmo a expressão "fluidos corporais" me deixa desconfortável. Muitas das nossas maneiras e costumes estão voltados para manter as excreções de nossos corpos sob controle. No entanto, sem elas estaríamos com sérios problemas. São essenciais para o nosso bem-estar quando ainda estão dentro de nossos corpos – então por que são tão nojentas quando saem?

"Senhor, gostaria do curry de frango ou do macarrão?"

A refeição estava sendo servida. Eu girei na minha cadeira, fingindo ter acabado de acordar, exagerando um comportamento grogue.

"Hã? Desculpe, o quê?"

"Gostaria do frango ao curry ou do macarrão?"

"Ah, frango ao curry. Obrigado", falei depressa, girando a alavanca que segurava minha bandeja.

Ainda não tinha feito contato visual com Susan desde que babara sobre ela, mas instintivamente senti que a refeição poderia passar uma borracha sobre o episódio: agora nós dois precisávamos de nossas salivas.

Peguei o pão da bandeja que havia sido colocada na minha frente e dei uma mordida. Estava macio, mas um pouco seco. Felizmente, o ato de mastigá-lo o deixou molhado, graças à ação das minhas glândulas salivares, que produziram líquido que não apenas cobriu o pão, impedindo que ele grudasse no céu da boca, mas também extraiu seu sabor. Senti o gosto doce em primeiro lugar, quando a minha saliva dissolveu os açúcares e os levou para minhas papilas gustativas do doce. Então senti as qualidades salgadas e saborosas do pão.

Um típico almoço de companhia aérea.

As papilas gustativas requerem um meio líquido para fornecer moléculas de sabor para elas, que foi exatamente o que a saliva evoluiu para fazer. O pão não tem suco próprio, então você precisa de saliva para apreciá-lo. Na verdade, para comê-lo. Mas sua saliva não apenas dissolve os sabores; também ajuda seu sistema gustativo a determinar se o que você está comendo é nutritivo e aumenta o alarme se a comida contém patógenos ou venenos. Existem enzimas em sua saliva que pré-digerem a comida para que suas papilas gustativas e seus receptores nasais possam analisar o que há em sua boca antes de engolir. A amilase é uma das mais importantes: decompõe o amido e o transforma em açúcares simples, e é por isso que o pão tem um sabor mais doce quanto mais você mastiga. A amilase continua a quebrar os carboidratos muito tempo depois de você engolir, e continua separando pequenos fragmentos que permanecem na sua boca ou ficaram presos entre os dentes.

LÍQUIDO

A saliva também controla o pH da boca, ativamente tentando mantê-lo neutro. A escala de pH descreve a acidez ou a alcalinidade de um líquido, e vai de 0 a 14, sendo 0 a mais ácida e 14 a mais alcalina. A água pura é neutra e tem um pH de 7. Os líquidos ácidos geralmente têm gosto azedo, como suco de limão, por exemplo, que tem um pH de 2. A maioria das bebidas é ácida, incluindo o suco de laranja, o de maçã e até o leite; nem todos têm gosto amargo porque muitos também contêm açúcares, o que ajuda a equilibrar o perfil do sabor (bebidas como Coca-Cola normalmente têm um pH de 2,5, mas o açúcar faz com que fiquem bem doces).

Muitas das bactérias em sua boca se alimentam de açúcares e produzem ácido que ataca o esmalte dos dentes, criando cáries. É por isso que os dentistas estão sempre dizendo para comermos menos açúcar. A saliva, porém, constantemente lava as bactérias, restaurando o pH da boca para neutro. A saliva também contém cálcio, fosfato e flúor em estado supersaturado, que deposita no esmalte dos dentes para repará-los. Contém proteínas que revestem o esmalte, afastando os ácidos, compostos antibacterianos que matam bactérias, compostos analgésicos para aliviar a dor de dente e outros componentes que ajudam a limpar e curar todos os pequenos cortes que ocorrem em sua boca enquanto você come. Em outras palavras, sua saliva é o tratamento original de higiene dental e, para a maioria dos outros animais, é o único. E não protege apenas seus dentes e gengivas, também evita a halitose (mau hálito), causada por colônias bacterianas crescendo na parte posterior da língua.

O fluxo regular de saliva de suas glândulas está constantemente lavando e limpando sua boca. Para ter uma ideia de quanta saliva você produz, vá ao dentista. Eles têm máquinas de sugar saliva que colocam em sua boca durante o tratamento para tirá-la do caminho enquanto trabalham em seus dentes. Suas glândulas salivares não gostam da interferência e substituem a saliva quase tão rápido quanto ela é sugada. Uma pessoa média produz de 0,75 litro a 1 litro desse líquido extraordinário por dia.

As glândulas salivares são comuns a muitas espécies e estão evoluindo nos animais há milhões de anos para uma grande quantidade de propósitos diferentes: as cobras as têm, mas usam para produzir veneno, larvas de moscas as têm para produzir seda, os mosquitos as têm e, enquanto estão sugando seu sangue, as usam para injetar produtos químicos que impedem que ele coagule. Algumas aves usam saliva para colar seus ninhos. Na verdade, há andorinhas, como a *Aerodramus maximus*, que fazem seu ninho apenas com saliva solidificada – o principal ingrediente da sopa de ninho de passarinho, uma iguaria chinesa.

O que nos leva de volta à comida. Obviamente, para os humanos, um dos principais papéis da saliva é molhar a comida para que escorra e flua, permitindo que você a engula. Sem essa lubrificação, as coisas ficam muito complicadas; isso é perfeitamente ilustrado em uma competição para comer bolachas. Se você nunca fez isso antes, tente comer o máximo de bolachas que puder em um minuto sem beber água. Para a maioria das pessoas, as bolachas secas absorvem tanta saliva que, depois de apenas uma, comer a segunda vai machucar a boca e dificilmente conseguirão engolir a mistura seca e quebradiça. Mas a saliva não é nossa única maneira de lidar com a extrema secura de alguns alimentos. É por isso que muitas vezes bebemos líquidos com a comida. É também por isso que passamos gorduras, como manteiga, maionese, óleo ou margarina, sobre alimentos secos: eles agem como lubrificantes.

A maioria de nós tem saliva suficiente para comer qualquer alimento que quiser, mas algumas pessoas sofrem de "boca seca", uma condição que impede a produção adequada de saliva. A boca seca pode ser causada por alguma doença, mas na maioria das vezes é efeito colateral de um remédio. Pode ser extremamente debilitante, às vezes impossibilitando que os pacientes comam alimentos sólidos. Você também pode ficar com a boca seca por um tempo quando estiver passando por estresse e ansiedade. Se tiver medo de falar em público, pode ter sentido isso enquanto estava fazendo uma apresentação – suas glândulas salivares retardam a produção, sua garganta fica seca e engolir, mesmo falando, é muito difícil. Você pode perceber que está engolindo saliva enquanto lê isso: essa é uma resposta comum e apenas destaca como o seu sistema salivar está ligado ao seu sistema nervoso.

Dada a quantidade de saliva que os dentistas extraem das bocas dos pacientes, você poderia pensar que daria para tratá-la, como o sangue, e doar para pacientes que sofrem de boca seca. Mas as pessoas não querem a saliva dos outros, é uma gosma que rejeitamos – até compartilhar a bebida de alguém e a possibilidade de ingerir um pouquinho da saliva deles é nojento para muitos. Nojo não é o único problema com a coleta de saliva, no entanto. A saliva se decompõe rapidamente quando está fora do corpo, perdendo muitas das propriedades que a tornam tão vital. Então, em vez de fazer transferência de saliva, as empresas farmacêuticas produzem saliva artificial, composta principalmente de minerais que protegem contra a cárie dentária, amortizando compostos que controlam o pH da boca e lubrificantes que ajudam a molhar os alimentos para que você possa engolir mais facilmente. A saliva artificial vem em géis, sprays e líquidos. Uma vez que você tenha um ente querido usando esses produtos, ou você mesmo, realmente começa a valorizar suas glândulas salivares.

Minha própria saliva permitiu que eu comesse meu pãozinho seco, o que aguçou meu apetite, por isso voltei minha atenção para a minúscula tigela de salada na minha bandeja. Tinha fatias de tomate que pareciam um pouco grandes demais em comparação ao pepino picado e à alface americana cortada. Parecia um pouco seca e nada apetecível. Um pequeno sachê de molho acompanhava a salada. Tentei abri-lo, conseguindo apenas depois de uma luta desproporcional. O vinagrete bege que eu enfim espremi do pacote era tão viscoso que não cobriu a salada uniformemente, parecendo manchas sobre o tomate e a alface, como pequenas lesmas. Isso virou meu estômago um pouco. Várias comidas podem ser bastante nojentas se você pensar sobre elas fora de contexto, e era exatamente o que eu estava fazendo naquele momento.

É bem raro sentir nojo de comida agora, mas era algo comum na minha infância, e as lesmas de vinagrete me levaram de volta àqueles dias. Quando eu era jovem, minha mãe insistia para que eu comesse o que fosse colocado na minha frente e, quando eu me recusava, ela citava estatísticas sobre a fome global e me dizia quantas pessoas matariam pela comida que eu estava rejeitando naquele momento. Aquilo não ajudava. Era nojo o que eu estava sentindo, e nojo é instintivo. Os argumentos racionais não são eficazes contra tal sensação, como eu sempre a lembrava, mas isso não levava a lugar nenhum. Em geral, o nojo se sobrepõe ao argumento moral, e lembro-me da sensação de ânsia de vômito que veio quando tentei, ou fui obrigado, a comer alimentos que me repeliam. Muito do que eu achava nojento quando criança era viscoso, exatamente como o molho de salada do avião: coisas gosmentas e grudentas, escorregadias e deslizantes. Essa propriedade dos líquidos chama-se viscoelasticidade: quando os líquidos se comportam como sólidos por curtos períodos, enquanto ainda se comportam como líquidos por períodos mais longos. É por isso que, ao contrário dos líquidos normais, você pode pegar o lodo e segurá-lo entre os dedos. Ele tem solidez para isso, dá para senti-lo resistir elasticamente à pressão de suas mãos e, enquanto a maioria dos líquidos se desfaz, o lodo gruda. Mas, enquanto você continua a segurá-lo, o lodo

LÍQUIDO

começa a fluir e escorrer pela sua mão. Esse fluxo é o viscoso em viscoelástico. O gel capilar se comporta assim – você pode pegá--lo na mão, mas ele também fluirá, embora bem devagar. Xampus grossos e creme dental também são viscoelásticos. Por qualquer motivo, no contexto do banheiro, não achamos essa qualidade tão repugnante – talvez porque não comamos nenhum desses líquidos.

É a natureza oleosa, gosmenta do lodo que o faz ser nojento – mas por quê? Talvez porque nos lembre de nossos líquidos internos, e sua presença fora do corpo poderia significar uma ameaça à nossa própria saúde. O cocô em estado líquido é repugnante, especialmente se você por acaso pisar nele, sem querer, descalço, e senti-lo sendo esmagado entre seus dedos dos pés. Em contraste, fezes duras, especialmente de um animal como uma ovelha ou uma vaca, dificilmente são preocupantes. O muco nasal, em sua forma verde e pegajosa, é repugnante, e qualquer um que o coma realmente nos deixa com nojo. Uma criança, por mais fofa que seja, com uma meleca verde e úmida saindo do nariz, é repelente para todos, menos para os pais – e nem eles gostam muito de lidar com o nariz escorrendo da criança. Era isso, na verdade, a aparência de meleca do molho de salada que agora me repelia. Decidi que não ia comê-lo.

Por mais nojenta que seja, a viscoelasticidade da saliva sugere alguma sofisticação interna em sua estrutura. Uma das famílias mais importantes de moléculas na saliva é chamada de mucina. As mucinas são grandes moléculas de proteína, na maioria das vezes expelidas pelas membranas mucosas. O muco é um revestimento viscoso que seu corpo produz como uma camada protetora em lugares onde você pode estar exposto a partículas externas, toxinas e patógenos – ou seja, nariz, pulmões e olhos. São as coisas grudentas que saem do seu nariz quando você está exposto à fumaça ou se acumulam em seus olhos quando a poeira voa neles. O muco é pegajoso porque as proteínas mucinas formam uma molécula linear que possui muitos componentes funcionais prontos para se ligar quimicamente a outras coisas. Em outras palavras, é pegajoso como as colas de resina.

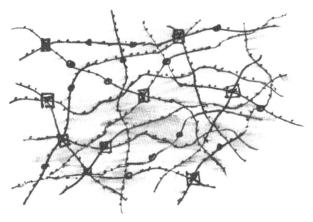

A estrutura das mucinas, mostrando como seus diferentes componentes funcionais (ilustrados por quadrados, círculos e triângulos) podem criar uma rede viscoelástica que retém a água para produzir géis viscosos e pegajosos.

O sistema mucoso nem sempre é ótimo, é claro. Basta olhar para o que acontece quando você pega um resfriado ou outra infecção e acumula muco e catarro verde em sua garganta. As moléculas de mucina são hidrofílicas, o que significa que são atraídas pela água. Também estão unidas umas às outras, criando uma rede de moléculas longas que prendem a água entre elas. Isso é um gel – mas viscoelástico. A fleuma tem solidez devido às ligações das mucinas, mas como a rede de mucinas é facilmente rearranjada em uma nova estrutura, ela flui como um líquido. Ao fazer isso, as mucinas grandes se alinham na direção do fluxo, e é por isso que, quando você baba, sua saliva fica grudada como se fossem longos fios. Sua capacidade de se unir mas ainda fluir, é o que dá à saliva suas importantes qualidades lubrificantes. Caracóis e lesmas produzem uma substância muito parecida, o que permite que se movam; seu muco carregado de mucina lubrifica o caminho pelo mundo, deixando para trás pequenas trilhas por onde passam. Embora muitas pessoas achem isso nojento, o muco do caracol é bastante semelhante à saliva humana. Na verdade, agora é coletado e vendido como creme para o rosto. Os efeitos benéficos de borrifar o muco do caracol no rosto ainda não foram comprovados, mas isso não parece ter desanimado aqueles que o compraram.

Você deve ter notado que a viscoelasticidade da sua saliva muda de textura ao longo do dia e dependendo do que você está comendo ou bebendo e se está saudável. Às vezes, seu cuspe é aguado e muito fluido, e outras vezes é baboso e fibroso. Existem, na verdade, muitas outras maneiras de mudar sua consistência, dependendo de quais glândulas o estão produzindo. Suas glândulas salivares são controladas pelo seu sistema nervoso autônomo, que é responsável por regular suas ações inconscientes. Salivar é uma delas. Existem duas partes no sistema nervoso autônomo: o sistema nervoso simpático e o sistema nervoso parassimpático, o qual é responsável por fazer com que você se alimente adequadamente e produz saliva aquosa enquanto você está comendo. Seu sistema nervoso simpático assume o controle depois de você comer e ajuda a manter sua boca lubrificada e a combater infecções e o apodrecimento, mesmo quando você está dormindo. A saliva produzida pelo seu sistema nervoso simpático tem composição e microestrutura diferentes e, como resultado, é mais espessa e rígida. É o tipo de saliva que eu, sem querer, babei em Susan. Olhei rapidamente para ela pelo canto do olho, sem mover a cabeça, para ver se conseguia avaliar seu humor. Ela estava comendo seu macarrão sem nenhuma emoção óbvia.

Senti que era hora de também prestar atenção ao meu frango ao curry. Coloquei um pedaço na minha boca. Algo relativo ao tamanho da garfada e ao sabor da comida me fez derramar molho curry no meu queixo. Não sei por que isso sempre acontece comigo, mas, se estou comendo algo picante e não limpo constantemente minha boca, meu rosto fica cheio de molho. Isso, tenho certeza pelo que outras pessoas falam, incluindo minha esposa, é nojento. Na verdade, acho nojento nos outros, então não sei por que fico surpreso como isso deixa as pessoas revoltadas quando veem acontecer comigo. Parece ser uma norma social – ter comida fora de sua boca é repugnante, e se ela já foi parcialmente mastigada é ainda pior. Se estiver misturada com a saliva ou se escorrer da boca enquanto você estiver comendo, é horrível. Felizmente para minha companheira de viagem, não só uso assiduamente guardanapos enquanto estou comendo como também não sou babão.

Comer é uma experiência social e, como o processo de comer nunca está muito distante dos sentimentos de nojo, as maneiras à mesa são extremamente importantes na maioria das culturas. Bebês e crianças pequenas comem de maneira repugnante. Eles não têm coordenação suficiente para colocar a comida bem em suas bocas nem autodisciplina para evitar cuspir novamente ou jogá-la na mesa, ou no chão, ou em qualquer lugar, na verdade, inclusive sobre seus pais. Uma das regras básicas da nossa sociedade é que comemos de maneira ordenada. Especificamente, não regurgitamos nossa comida, nem babamos, nem comemos de boca aberta. É tão grande o tabu associado a isso que até mesmo os criminosos mais selvagens ou os mais degenerados ainda costumam aderir a essa norma social. Apenas os verdadeiramente loucos, perturbados ou doentes desafiam essa convenção.

Então fiz o melhor que pude para comer o frango ao curry de maneira ordenada. Logo percebi que minha testa estava ficando

LÍQUIDO

um pouco suada. Isso geralmente acontece comigo quando como curry. A pimenta no curry contém uma molécula chamada capsaicina, que se liga fortemente aos receptores na boca que sinalizam calor e perigo. É por isso que comer alimentos condimentados pode produzir uma sensação de queimação na boca, mesmo que a comida não esteja, em termos de temperatura, muito quente. Como sua boca superaquece, é uma resposta comum que seu corpo tente se esfriar suando, como eu estava fazendo. O suor é outro fluido corporal que provoca nojo nos outros, embora isso seja frequentemente circunstancial. Se o suor começa a aparecer através de suas roupas, mesmo que não cheire, você é frequentemente visto com nojo. Ter alguém sentado ao seu lado em um avião que está suando muito provavelmente cairia nessa categoria. Em contraste, o suor durante o sexo é aceito e, para a maioria das sociedades modernas, aumenta a sensualidade.

A Universidade do Texas recentemente fez um estudo que analisou o nojo em vários participantes usando uma escala de nojo de três domínios: nojo patogênico, nojo sexual e nojo moral (há evidências suficientes de que esses tipos distintos de nojo realmente existem). Para avaliar o nível de nojo patogênico, perguntaram aos participantes quais seriam suas respostas se vissem "mofo nas sobras de comida na geladeira ou se fossem apresentados a alimentos novos e desconhecidos". O nojo sexual foi avaliado ao perguntarem como eles se sentiam sobre diferentes formas de experimentação sexual ou sexo casual com parceiros variados. O nojo moral foi avaliado perguntando como se sentiam sobre estudantes trapaceando nos exames para conseguir notas melhores, empresas que mentiam para melhorar os lucros ou outras situações semelhantes.

Em última análise, os pesquisadores descobriram que as pessoas que tinham mais probabilidade de tentar experiências culinárias novas e inesperadas também apresentavam um limiar mais elevado para o nojo sexual. De fato, no geral, descobriram que os homens envolvidos no estudo tinham uma correlação estatisticamente significativa entre suas estratégias para conseguir parceiras e seu desejo e sua capacidade de comer alimentos novos e desconhecidos.

Eles conjeturaram que os homens diminuem sua repugnância por determinados alimentos a fim de impressionar parceiras em potencial, um meio de provar que são saudáveis, possuem um sistema imunológico forte e, portanto, seriam parceiros sexuais adequados. Em outras palavras, comer alimentos repugnantes pode ser um tipo de ritual de acasalamento. Isso parece ser verdadeiro. Sabemos que as pessoas geralmente sentem nojo quando veem saliva, mas essa repulsa parece ser reprimida quando estamos sexualmente atraídos por alguém. O beijo desleixado de uma tia idosa que insiste em nos beijar nos lábios – e tem que apertar nosso rosto com as mãos para nos impedir de fugir horrorizados – é nojento. Mas a troca de saliva durante um beijo apaixonado com alguém de quem se gosta é uma experiência obsessiva, compulsiva, molhada e visceral. Se você sentir nojo dessa umidade, terá um problema real, do ponto de vista reprodutivo, porque a lubrificação durante o sexo é importante. O fato de que os mesmos fluidos que nos permitem fazer sexo sejam, em outras circunstâncias, repugnantes, diz algo sobre o quanto a perspectiva de sexo reduz nossa resistência aos fluidos corporais.

Dito tudo isso, eu tinha certeza de que não havia como Susan interpretar meu frango ao curry ou a maneira como eu o comera como uma espécie de exibição de acasalamento. Limpei os últimos resíduos de molho do meu queixo e dos cantos da minha boca e então me voltei para a pequena sobremesa na minha bandeja. Mousse de limão – uma boa escolha para um limpador de paladar, pensei, mas apenas se tiver bastante gosto de limão. Quando nossas

LÍQUIDO

papilas gustativas detectam acidez, estimulam nossas glândulas salivares, que então produzem mais saliva na tentativa de equilibrar o pH da boca. Isso, por sua vez, deveria ter o efeito de lavar os sabores fortes que estiverem na sua boca, como as especiarias e o alho do curry que eu tinha acabado de comer. Mas, se a mousse não tivesse bastante gosto de limão, eu ainda sentiria o gosto de curry enquanto a estivesse comendo, o que não seria muito apetitoso. Felizmente, ela tinha uma textura ótima, leve e espumosa, e um sabor forte de limão que era extremamente agradável.

Comer é mais que apenas um exercício para ganhar sustento, mais que um ritual social e mais que uma exibição para o acasalamento – é também uma experiência emocional. Talvez isso tenha a ver com os hormônios que são liberados enquanto digerimos uma refeição satisfatória, que estimula sentimentos de bem-estar ou mesmo felicidade. É uma felicidade que parece subir do meu estômago sempre que como algo bom. Pode até levar uma lágrima aos meus olhos.

Ao contrário da saliva, não vemos lágrimas com repugnância em nossa sociedade, apesar de conterem muitos dos mesmos ingredientes – mucinas, minerais e óleos, para começar. Existem três tipos de lágrimas: lágrimas basais, lágrimas reflexivas e lágrimas emocionais. Lágrimas basais são a base das lágrimas, executam a função básica de evitar que nossos olhos fiquem secos, lubrificando nossas pálpebras quando piscamos e lavando a poeira. Também combatem infecções bacterianas. As lágrimas reflexivas removem os vários tipos de irritação que nossos olhos encontram no dia a dia, como fumaça e poeira. E as lágrimas emocionais são o tipo que você pode derramar depois de uma ótima refeição, enquanto ouve uma música sublime, ou quando dizem que seu relacionamento acabou. Essas lágrimas têm uma composição química diferente das lágrimas basais e das lágrimas reflexivas, pois contêm hormônios do estresse. O objetivo desses hormônios não está claro, mas muito provavelmente tem a ver com nosso desejo de nos comunicar e conseguir apoio de outras pessoas. A visão de alguém chorando geralmente provoca simpatia e o desejo de consolar. Estudos de duplos-cegos mostraram que, quando os homens sentem o cheiro das lágrimas das mulheres, diminuem seus níveis de testosterona e eles acham mais difícil ficar excitados.

Não que tudo tenha a ver com sexo. Mas, quando se trata de fluidos corporais, o sexo nunca está longe. Daí o nojo de Susan por ter um estranho babando nela.

"Já terminou, senhor?", perguntou o comissário. Ele estava parado com seu carrinho e apontou para a minha bandeja.

Entreguei minha bandeja passando sobre o colo de Susan, tentando fazer isso da maneira mais apologética possível, sem dizer nada nem fazer contato visual. Para isso, precisei entregar a bandeja para o comissário enquanto inclinava a cabeça pelo vão entre meus braços estendidos.

7. Refrescante

"Chá ou café, senhor?", perguntou o comissário, empurrando seu carrinho pelo corredor. A maioria das persianas do avião estava abaixada, mas a penumbra estava pontuada por raios de luz de algumas janelas abertas, revelando um sol fraco do lado de fora. Já estávamos havia seis horas em um voo de onze e prevalecia um sentimento geral de letargia. Os comissários de bordo pareciam cansados.

Gosto de café – na verdade, eu amo café. Mas bebo preto, como estimulante, não para refrescar. A 40 mil pés, não sentia vontade de ser estimulado. Por outro lado, chá feito por alguém que não sabe como prepará-lo é pior do que uma xícara de café ruim. *Por que isso?* Pensei, enquanto o comissário olhava para mim com uma combinação de tédio e impaciência.

"Chá ou café?", ele perguntou novamente.

Olhei para a bebida da minha vizinha, que tinha sido colocada em sua mesinha. Era café em um copo de plástico com uma alça tão pequena que não era funcional. Susan também recebera uma

LÍQUIDO

sacolinha plástica com pacotes de leite e açúcar, uma pequena colherzinha e um guardanapo. Não parecia atraente, eu sabia que não ia gostar daquilo. Tudo parecia um pouco frio e institucional. "Chá", disse, e imediatamente acrescentei: "Está quente? Quero dizer, é feito com água bem quente?". Mas minhas perguntas foram abafadas pelo zumbido dos motores do avião ou talvez o comissário tenha preferido me ignorar. Ele serviu o chá em um copo idêntico ao de Susan e me entregou em uma bandeja com meu próprio saco plástico de condimentos.

Como deve ser o gosto de uma xícara de chá? O que estou procurando com o meu primeiro gole é um frescor saboroso que inflame todas as minhas papilas gustativas: não algo espetacular como um cappuccino com espuma e salpicado de chocolate, mas uma onda sutil e determinada de prazer, o tipo que provoca um involuntário e audível "Ah!" de satisfação. Quero saborear imediatamente as folhas do chá, não através da aspereza de engolir fragmentos das folhas reais, mas pela sensação adstringente na minha boca, seca o suficiente para varrer o gosto do ar viciado da cabine. Quero um equilíbrio para o sabor, uma batalha entre doce e amargo que não seja vencida por nenhum dos dois, com um leve sabor salgado no final. Se houver amargo na acidez, quero que seja mínimo, apenas o suficiente para levar os sabores frutados e fermentados do chá até o nariz e me revigorar. A cor é importante: um chá preto precisa ser gloriosamente dourado e transparente, e não tão escuro que eu não possa ver o fundo da xícara. Idealmente, gostaria de ver isso antes que o chá tenha sido servido, enquanto ele está sendo despejado de um bule. Também quero ouvir o gorgolejo do líquido enchendo a xícara, lembrando-me de todos aqueles momentos da minha vida (tão diferentes do presente) quando estou em casa com minha família, bebendo uma xícara de chá na mesa da cozinha.

Com toda essa antecipação fermentando, tomei um gole.

Estava horrível.

O chá tinha gosto de uma xícara quente de Coca-Cola, mas sem a doçura. Provei novamente para ver se eu havia perdido alguma coisa. Desta vez, senti um toque do sabor desagradável do copo de plástico. Pelo canto do olho, olhei para Susan, que estava lendo o livro e tomando um gole de café contente. Claramente, eu tinha feito a escolha errada.

Mas o chá tem a reputação de ser a bebida quente mais popular do mundo. Embora seja difícil obter dados confiáveis sobre o assunto, na Grã-Bretanha estima-se que uma média de 165 milhões de xícaras de chá sejam bebidas diariamente. Comparemos isso com as 70 milhões de xícaras de café. A imagem é semelhante em muitos outros países do mundo. Então, o que o chá oferece que o café não? E mais importante: por que o chá é tão malfeito?

Minha xícara de chá começou sua vida como alguns brotos novos em um arbusto perene aparentemente sem graça que cresce apenas em climas tropicais ou subtropicais. Você poderia passar por essa planta e nunca saber que era a fonte de tanto prazer – nossos ancestrais fizeram isso por milhares de anos. O arbusto gosta de umidade e chuva, mas não de altas temperaturas, e há poucos lugares que são ideais para cultivá-lo, como as altas altitudes da província de Yunnan, na China, as montanhas do Japão, o Himalaia de Darjeeling, na Índia, e as terras altas centrais do Sri Lanka. O melhor chá do mundo, ou pelo menos o mais caro, é o Da Hong Pao das Montanhas Wuyi, na China, que pode facilmente ser vendido por um milhão de dólares o quilo.

Uma plantação de chá.

A localização geográfica, a altitude e as condições exatas da estação em que crescem afetam o sabor das folhas de chá. Uma das principais dores de cabeça para os fabricantes é descobrir como] misturar o chá de diferentes locais geográficos de forma a manter um sabor consistente para o produto, mês após mês e ano após ano.

Embora existam muitos tipos de chá, todos vêm da mesma planta, a *Camellia sinensis*. A diferença entre os chás verde e preto (e as outras variantes, como branco, amarelo, oolong etc.) está na forma como as folhas são processadas. Todas as estações, os novos brotos da planta do chá são colhidos a mão. Eles imediatamente começam a murchar, o que desencadeia enzimas que quebram o maquinário molecular das folhas, transformando o pigmento de clorofila verde primeiro em marrom e depois em preto. Se você já deixou um monte de ervas por muito tempo em sua geladeira, terá testemunhado esse efeito.

Os chás verdes são produzidos aquecendo as folhas imediatamente após a colheita. O calor desativa as enzimas e assim mantém a clorofila intacta junto com a cor verde. Muitas vezes, as folhas são então enroladas, o que machuca suas paredes celulares, permitindo que as moléculas responsáveis pelo sabor sejam facilmente extraídas. A paleta de sabores do chá verde é composta de adstringência, de uma família de moléculas chamadas polifenóis (você se lembrará delas dos taninos no vinho); amargura, das moléculas de cafeína; doçura, dos açúcares; seda, das pectinas; um gosto saboroso e caldoso, dos aminoácidos; e um buquê de óleos aromáticos. É o equilíbrio cuidadoso desses diferentes elementos, e não a extração máxima de cada um, que produz uma excelente xícara de chá.

Os chás pretos são produzidos das mesmas folhas que os chás verdes – são apenas preparados de maneira diferente. No caso do chá preto, depois que as folhas murcham, elas são enroladas, e suas enzimas ajudam a quebrar o maquinário molecular por meio de uma reação com o oxigênio no ar. Esse é um processo chamado oxidação e muda a cor de verde para marrom-escuro, produzindo um conjunto diferente de moléculas de sabor. Muitos dos polifenóis, como os taninos amargos, são transformados em moléculas mais saborosas e com gosto de fruta. Como essas moléculas que compõem o sabor do chá preto são o resultado da oxidação, elas não são tão suscetíveis a serem destruídas pelas reações subsequentes com o oxigênio no ar. Assim, após a secagem, os chás pretos podem ser armazenados por mais tempo que os chás verdes sem perder o sabor.

Terminou o trabalho, você pode estar pensando. Basta adicionar água a qualquer um desses chás e você terá uma bebida refrescante. Mas o chá pode ser arruinado com muita facilidade. Outra bebida à base de cafeína, como a Coca-Cola, terá um sabor muito semelhante independentemente de onde e quando você a beber. Isso ocorre porque o processo de fermentação é controlado em uma fábrica, e o sabor da bebida não é significativamente prejudicado por ela ser armazenada e transportada. Assim, grande parte do potencial de erro foi removido. Você pode servir na temperatura errada (de acordo com a sua preferência) ou na vasilha errada (também de acordo com a sua preferência), mas a composição química da Coca-Cola será a mesma sempre que você pedir uma. Inventores se esforçaram para fazer o mesmo com o chá, liquefazendo extratos para criar um chá instantâneo que pudesse ser preparado por máquinas de bebidas. Até agora, as bebidas feitas dessa maneira nunca deram certo, talvez porque tenham um gosto quase completamente oposto ao que deveria ter uma xícara de chá refrescante. A razão para a diferença é que muitos dos principais componentes químicos que conferem ao chá seu sabor característico se degradam e desaparecem logo após a preparação.

Produtos da Liquid Instant Tea.

O escritor George Orwell, embora mais famoso por clássicos da ficção política, como *1984* e *A revolução dos bichos*, se importava tanto com o problema do chá ruim que publicou um tratado sobre a bebida: suas onze regras para preparar uma xícara de chá perfeita. Essas regras incluíam a necessidade de preparar o chá usando um bule, a importância de aquecer a caneca e que o leite deveria ser adicionado à xícara depois que o chá tivesse sido servido. A ciência não oferece uma visão definitiva sobre o que constitui a xícara de chá perfeita, mas confirma a importância de algumas das ideias de Orwell. Basicamente, existem quatro variáveis centrais que podem alterar muito a qualidade de uma xícara de chá: as folhas, a qualidade da água, a temperatura da bebida e a duração do processo de fermentação.

Quanto mais saborosas forem as folhas, mais saborosa será uma xícara de chá. Mas há um porém. Se concordarmos, mesmo contra a opinião de George Orwell, que o melhor chá é aquele de que você mais gosta, então se o seu favorito é feito com saquinhos comuns, podemos afirmar que você não vai achar mais refrescante o chá extremamente saboroso e caro Da Hong Pao. A ideia do que é melhor é, em última análise, subjetiva – assim é com o vinho e, na verdade, com a maioria das coisas. Por outro lado, se você nunca teve a oportunidade de beber uma grande variedade de chás diferentes (e existem aproximadamente mil tipos disponíveis), pode existir um tipo de chá mais satisfatório para você por aí. O chá é tão sofisticado quanto o vinho em termos de seus perfis de sabor, e os preços altos refletem parte disso. Mas também é suscetível a alguns dos mesmos vícios esnobes da indústria do vinho, onde a escassez e o marketing são frequentemente usados como substitutos para a qualidade do produto. Há também uma enorme variedade de chás – do chá verde ao oolong, à erva-mate da América do Sul, aos chás pretos do Sri Lanka –, e descobrir do que você gosta pode levar muito tempo. Pessoalmente, minha xícara perfeita de chá muda ao longo do dia. De manhã, quando acabei de acordar, gosto de um chá forte com leite no café da manhã – acho reconfortante, alerta, mas não muito exigente. À tarde, tenho vontade de um chá preto Earl Grey – a sutil combinação de cítricos e tangerina para enfrentar o desânimo de uma tarde cinzenta e chuvosa.

Fiquei pensando que tipo de chá Susan preferia, se havia algum – ou talvez ela não bebesse chá. O problema com as pessoas que não bebem chá é que nunca sei o que oferecer quando me visitam em casa. "Gostaria de uma xícara de chá?" é a frase mais acolhedora que conheço. Frequentemente sai da minha boca antes mesmo que um visitante tenha fechado a porta. A oferta parece trivial, mas seu significado é multifacetado; significa: "Bem-vindo à minha casa", significa "Eu me preocupo com você", significa "Tenho essas deliciosas folhas secas que foram colhidas e processadas a milhares de quilômetros de distância em um clima exótico. Não sou sofisticado?" – bem, costumava significar isso quando o chá ficou popular na Grã-Bretanha, no século XVIII. Desde então, preparar uma xícara de chá tornou-se a cerimônia padrão de boas-vindas britânica, mais usual do que um beijo, um aperto de mão, abraço ou qualquer um dos outros, reconhecidamente mais íntimos, rituais de boas-vindas praticados em outros países. Daí a insistência de George Orwell em usar um bule. O bule não é apenas um recipiente de fermentação, é uma manifestação física do compartilhamento no coração de uma casa. O cuidado e a atenção dispensados a ele, os sons do bule sendo enchido com água quente, sua aparência estética, o tempo gasto esperando que a água ferva e como servimos as xícaras fazem parte da cerimônia.

Ao realizar a cerimônia de boas-vindas ao chá, você deve usar água boa. Parece óbvio, mas essa variável foi negligenciada até mesmo por Orwell, e, como o chá é principalmente água, é fácil ver como esse ingrediente pode ter um efeito marcante no sabor. A água tem um gosto diferente dependendo de sua fonte. As grandes diferenças de sabor entre uma nascente natural e uma torneira de cozinha são óbvias, mas, mesmo de uma casa para outra, a água da torneira pode ser radicalmente diferente. O conteúdo mineral, o conteúdo orgânico, a presença de cloro e outros aditivos são as principais fontes de sabor e cheiro em um copo de água. Se você quiser preparar uma xícara de chá fresca, precisará usar água com um pouco de mineral.

A água destilada pura é insossa. Um conteúdo mineral muito alto também não funcionará: o sabor da água vai superar o do chá, o que acontece com a água que tem muito cloro. A água da torneira normal é boa, mas o pH dela deve ser neutro. A acidez geralmente tem o gosto metálico da corrosão dos tubos de metal que levam a água da fonte até a torneira, enquanto a água alcalina costuma ter gosto de sabão. O bolor tende a vir dos subprodutos de microrganismos. Às vezes, especialmente de manhã, a água está nos encanamentos há muito tempo; se os canos forem velhos ou feitos de certos metais, ou se houver acidez, eles podem se corroer um pouco, dando à água um gosto "estranho". Se parecer que isso está acontecendo, você deve deixar a água escorrer por um tempo antes de encher a chaleira. Se você mora em uma área onde a água é "dura" – ou seja, tem muito cálcio dissolvido nela, geralmente por causa da geologia subjacente da região –, os íons de cálcio dentro da água se combinam com as moléculas orgânicas no chá e formam um filme sólido que flutua no topo da xícara. Isso se chama espuma. A espuma do chá faz com que ele pareça menos delicioso e pode realmente arruinar a cerimônia de boas-vindas. Se você tiver água dura, pode se livrar da espuma filtrando a água ou usando um bule que a capture em suas paredes internas.

Depois de ter garantido a água certa, é preciso fervê-la. A temperatura da bebida determina quais moléculas de sabor serão dissolvidas na água e, assim, determina o equilíbrio entre gosto, sabor e cor no chá. Se a temperatura for muito baixa, muitas das moléculas de sabor não se dissolvem e o chá não será apenas insípido: também terá uma cor fraca. Mas uma temperatura muito alta também pode ser ruim: muitos dos taninos e polifenóis que dão ao chá sua amargura e sua adstringência se dissolverão. Os chás verdes

LÍQUIDO

têm uma concentração especialmente alta dessas substâncias, por isso são mais bem preparados a temperaturas entre 70 °C e 80 °C, se você quiser evitar uma xícara muito amarga ou adstringente.

A cafeína é uma molécula muito amarga e não se dissolve facilmente na água. Se você quiser um chá com muita cafeína, deve ferver a água a temperaturas mais altas, assim ela se dissolverá mais. Felizmente, como os chás pretos foram oxidados, eles têm um número reduzido de taninos e polifenóis, o que permite que sejam fervidos a temperaturas mais altas sem ficarem excessivamente amargos; assim você pode tomar uma xícara muito cafeinada sem se encolher. O chá preto preparado durante cinco minutos a 100 °C irá desenvolver um sabor escuro e forte, com um teor típico de cafeína de 50 mg por xícara (comparado com 100 mg do café normal). É aqui, no entanto, que o preparo de chá a bordo de uma aeronave pode se tornar problemático. A 40 mil pés, a pressão dentro da cabine é menor que a pressão atmosférica no nível do mar, o que reduz o ponto de ebulição da água, afetando o sabor da bebida. Não é apenas a temperatura inicial da água que é importante para fazer chá. Para que as moléculas responsáveis pelo gosto e pela cor se dissolvam corretamente na água, as folhas precisam estar em contato com a água por um período específico de tempo. Se a temperatura da água cair significativamente durante o processo de fermentação, menos moléculas de sabor serão extraídas. Isso acontecerá se você preparar o chá em um local frio ou se o seu reservatório de fermentação estiver frio antes de começar a infusão do chá, fazendo com que a água quente caia à medida que aquece o bule. Daí a insistência de George Orwell de que você aqueça o bule antes de fazer o chá. Você pode compensar as temperaturas mais baixas esquentando o chá por mais tempo, mas não obterá as mesmas proporções de salgado, doce, amargo, azedo, saboroso e os milhares de voláteis individuais causados pela complexidade em uma xícara perfeitamente preparada.

Essa é a questão com o chá: por ser tão complexo – e há muitas variáveis que podem afetar o seu perfil de sabor (o tipo de chá, a água, o tempo de fermentação e a temperatura da água) –, é muito fácil perder o foco e, como resultado, terminar com uma xícara de chá com sabor completamente diferente do que você esperava. Foi exatamente o que aconteceu com a xícara de chá que eu bebia naquele momento. Os comissários de bordo haviam feito o melhor que podiam, compensando o ponto de ebulição mais baixo da água no avião com um tempo de fermentação mais longo e fazendo o chá em um bule aquecido, alto, de aço inoxidável, que mantinha a temperatura do chá alta durante todo o processo de fermentação. Mas tinham demorado para trazê-lo até mim com o carrinho, provavelmente uns quinze minutos desde que o haviam preparado, e ele ficara todo aquele tempo ali, esfriando e perdendo sabor a cada segundo. Quando finalmente serviram no meu pequeno copo de plástico, ele tinha perdido a maior parte dos seus sabores frutados e folhados: era muito cheiroso, mas estava frio, amargo e ácido, e a xícara em si tinha um sabor distinto e forte. Tudo isso significa que eu não tive aquela experiência revigorante e refrescante que estava esperando. Pelo contrário – estava no limite do nojento. Eu nunca deveria ter pedido um chá.

Mas então cometi outro erro. Pensei que conseguiria salvar a xícara de chá, transformar o líquido marrom decepcionante e chato em algo palatável, usando o conteúdo do pequeno saco plástico que eles tinham me dado. Abri o tubo cilíndrico de leite e despejei no copo, usando a colherzinha de poliestireno para mexer a mistura. A cor do chá passou do marrom escuro ao ocre leitoso – uma cor muito agradável. Eu gosto de chá com leite. O leite de vaca é doce e contém uma boa quantidade de sal e gordura. A gordura no leite é moldada em pequenas gotículas, com cerca de 1/1.000 mm de tamanho, que dão muito sabor e uma sensação de boca cheia ao leite. Quando o leite é colocado no chá, essas gotas de gordura se dispersam, dominando a cor e o sabor da bebida. Dão um sabor maltado, quase de caramelo, e adicionam uma cremosidade à sensação de boca cheia que se opõe à adstringência natural do chá. Também absorvem muitas das moléculas de sabor da bebida, reduzindo o frutado e o amargo, mas tornando-a mais cremosa.

O momento certo de adicionar o leite à sua xícara é um GRANDE pomo da discórdia na Grã-Bretanha. Há aqueles que aconselham adicioná-lo antes do chá, com base no fato de que as gotas do leite serão suavemente aquecidas conforme mais chá quente for adicionado. Isso impede que as proteínas do leite atinjam temperaturas que transformem sua estrutura molecular, desnaturando-as e dando ao leite um sabor "estranho", meio coalhado. Algumas pessoas também argumentam que derramar o leite primeiro protege as xícaras de chá de cerâmica do choque térmico do chá quente, evitando assim que elas rachem; mesmo que isso fosse verdade no passado, não seria mais um problema, já que as cerâmicas modernas são muito mais resistentes. Mas, para outros, a própria ideia de colocar o leite primeiro é um anátema. Em sua xícara de chá perfeita, você coloca o chá primeiro e depois o leite. George Orwell estava neste campo, argumentando que isso permite que você adicione exatamente a quantidade certa de leite para o seu nível preferido de cremosidade.

Você pode duvidar que adicionar o leite antes ou depois faça diferença no sabor – sendo uma diferença tão sutil. Mas, em seu livro *The Design of Experiments*, Ronald Fisher investigou essa questão com rigor, inventando novos métodos estatísticos para fazer isso. Em seus experimentos de degustação aleatórios, ele descobriu que, sim, as pessoas podem sentir a diferença entre colocar o leite antes ou depois do chá.

Os métodos descritos por Ronald Fisher revolucionaram a disciplina matemática da estatística. Infelizmente, não revolucionaram a produção de chá na Grã-Bretanha, por isso, mesmo agora, se você pedir uma xícara de chá em um café, muito raramente reconhecerão que a sequência de leite e chá faz alguma diferença. Isso me deixa absolutamente louco. Muitas vezes, em uma estação de trem, por exemplo, simplesmente colocam um saquinho de chá em uma xícara de água quente e imediatamente servem o leite. Aí entregam a você, como se dissessem: "Eu adicionei todos os ingredientes, então deve ser chá". "Mas você não me perguntou se eu queria o leite antes ou depois", às vezes digo quando minha raiva interior transborda. Não que eu realmente quisesse o leite adicionado antes. Estou com George Orwell nisso, quero o leite depois. Mas ainda assim quero que perguntem. E tenho certeza de que George Orwell concordaria comigo nisso – as tendências atuais representam o ponto mais baixo da tradição de fazer chá na Grã-Bretanha. Ainda é a bebida nacional, mas o café pode substituí-la se isso continuar, porque, ao contrário do chá, a qualidade do café servido em todo o país aumentou nas últimas décadas, em grande parte por causa de uma única peça de engenharia: a máquina de café *espresso*.

O café que minha vizinha Susan estava bebendo começara sua vida em um ambiente mais tropical do que a minha xícara de chá. O café normalmente cresce nas florestas, em países como o Brasil e a Guatemala, com altas temperaturas no verão e muita chuva. Como a planta do chá, o cafeeiro desenvolveu defesas químicas para se proteger de animais e insetos, na forma de poderosos alcaloides, como a cafeína, que podem perturbar o metabolismo de um organismo. O amargo da cafeína é um sinal biológico da nossa boca nos avisando que estamos prestes a beber algo que pode ser tóxico – mas, no caso da cafeína, nós ignoramos esse aviso; por quê? Provavelmente porque passamos a gostar do efeito da cafeína em nossos corpos, assim como de outros alcaloides naturalmente derivados, como a nicotina, a morfina e a cocaína. Mas, de todas

LÍQUIDO

essas substâncias psicoativas, a cafeína é a mais consumida. Ela estimula o sistema nervoso, diminuindo a sonolência, deixando-nos mais alertas. Também é um diurético, o que significa que aumenta a produção de urina. O resultado é que, depois de beber um café forte, você geralmente precisa ir ao banheiro. Em altas doses, a cafeína pode causar insônia e ansiedade. A cafeína, como o álcool, vai direto para a corrente sanguínea, de modo que seus efeitos são imediatamente perceptíveis; e, como os outros alcaloides, é viciante. Quando você começa a beber regularmente, pode ser incrivelmente difícil parar. Os sintomas de abstinência podem ser graves, causando dores de cabeça, deixando-o cansado, rabugento e lento.

O café que bebemos é moído a partir de grãos, que são as sementes do cafeeiro. Eles contêm muitos carboidratos, na forma de açúcares, que dão à semente a energia necessária para produzir novos brotos. O grão também contém proteínas, que fornecem o núcleo do maquinário molecular para a planta e instruem a semente através do processo reprodutivo – o crescimento de uma nova planta de café. Quando os grãos amadurecem, são colhidos, fermentados, removidos da polpa e secos. Nesse ponto, eles são grãos duros, claros e verdes. O próximo passo é torrá-los; é aqui que a enorme variedade de sabores do café é desenvolvida. Você pode torrar seu próprio café se quiser, eu já fiz isso. Comprei grãos de café cru do meu fornecedor local, coloquei-os em uma peneira de aço inoxidável e segurei uma pistola de ar quente por um tempo sobre eles, mexendo a peneira. Consegui torrar grãos suficientes para fazer uma xícara de café em cerca de cinco minutos. Se você adora café, deve realmente tentar, vai aprender muito sobre a bebida.

Torrando café usando uma pistola de ar quente.

A primeira coisa que você notará quando aquecer os grãos será a mudança de cores. Eles ficarão amarelos primeiro, quando os açúcares dentro dos grãos começarem a caramelizar. Então, à medida que a temperatura aumentar, a água dentro do grão começará a ferver e a pressão do vapor começará a aumentar; você saberá que isso está acontecendo quando ouvir os grãos se abrindo sob pressão. À medida que os aquecer ainda mais, as moléculas que constituem o grão começarão a se quebrar, mas também vão reagir umas com as outras. Essa é uma maneira muito diferente de usar calor em comparação com a produção de folhas de chá. Ali, o calor é usado principalmente para interromper as reações químicas, enquanto no café é a torrefação que inicia as reações químicas que produzem a maior parte do sabor. Uma das reações mais importantes ocorre entre as proteínas do grão e seus carboidratos. Isso é chamado de reação de Maillard e acontece quando o grão atinge entre 160 °C e 220 °C. A reação de Maillard produz uma vasta gama de moléculas de sabor quando começa: você pode sentir seu cheiro imediatamente – é quando os grãos adquirem aquele aroma característico de café, bem como muitas de suas qualidades de sabor. É a mesma reação química que cria a deliciosa casca quando você está assando pão e a saborosa camada externa crocante de um bife, se estiver assando ou fritando a carne. A reação muda a cor do grão de amarelo para marrom e produz dióxido de carbono, que acabará produzindo a espuma cremosa que fica por cima de uma xícara de café. Nesse ponto, você ouvirá o estalar dos grãos, à medida que a estrutura interna se rompe, resultado do gás se acumulando dentro deles, fazendo com que aumentem de tamanho.

Se você continuar torrando os grãos, começará a vê-los ficarem de um marrom muito escuro à medida que o ácido e os taninos se quebram, diminuindo o perfil do sabor. Então ouvirá uma segunda ruptura quando a estrutura interior ficar cada vez mais frágil e fraca. Você observará pequenas quantidades de óleo vazando para a superfície dos grãos nesse ponto, sinalizando a completa desintegração da estrutura celular do grão. Esses óleos, que perfazem cerca de 15% do grão, deixam um brilho na superfície que é característico de um estilo "French Roast". Se continuar torrando além deste ponto, terá um grão mais brilhante, mas também menos saboroso: as altas temperaturas quebram as moléculas em estruturas menores, que produzem menos sabor. Também perderá muito dos carboidratos solúveis, responsáveis pela sensação de xarope que o café deixa na boca. Em geral, quanto mais preto o grão, mais genérico e simplista é o perfil do sabor.

Um esboço de como a cor do grão de café muda durante a torrefação.

Quando você torra seus próprios grãos, pode brincar o quanto quiser com os perfis de sabor até encontrar um estilo que se adapte perfeitamente ao seu paladar. Quando fiz isso, senti um profundo respeito pelos fabricantes de café. Mesmo com apenas duas variáveis aparentemente simples – temperatura e duração da torrefação – é possível criar uma enorme variedade de sabores com os mesmos grãos.

Depois de torrar os grãos, você precisa extrair todo o sabor e colocá-lo em sua xícara. Os primeiros métodos conhecidos para moer e fazer café são do século XV, no Iêmen. Ali, as comunidades árabes moíam o café com um simples pilão e um almofariz, adicionavam água e depois ferviam a mistura. Essa ainda é uma maneira popular de se fazer café no Oriente Médio e é frequentemente chamada de café turco. Fazer café dessa maneira produz uma bebida muito forte e escura; o líquido contém não apenas os compostos de sabor do café, mas também os da borra, que afetam a sensação da bebida na boca, dando-lhe uma textura aveludada. Mas essa suavidade pode se tornar áspera ao chegar ao final da xícara, onde os sólidos maiores formam um sedimento espesso no fundo. O café turco também é bastante amargo; preparar os grãos ao ponto de ebulição permite que muitas das moléculas de gosto bem amargo, como a cafeína, se dissolvam na água em grande quantidade. Geralmente, as pessoas misturam uma quantidade razoável de açúcar em seu café para compensar isso, resultando em uma bebida agridoce com alto teor de cafeína. Exatamente do que você precisa se quiser ficar estimulado com um golpe de sabor combinado com uma pancada de açúcar e cafeína. Mas, por mais satisfatório que isso possa ser, preparar o café dessa forma elimina muitos dos sabores frutados da fermentação do grão e das notas de nozes e chocolate desenvolvidas por meio da torrefação.

LÍQUIDO

Assim, descobrimos um dos maiores problemas do café – muitas vezes, o cheiro é melhor que o gosto. Por quê? Porque muitos dos aromas que deveriam ter sido liberados dentro de sua boca já foram liberados no ar enquanto o café estava fermentando, deixando para trás apenas o amargor e a acidez, com poucos aromas. Para evitar perder tanto aroma durante o processo de fermentação, é melhor produzir em temperaturas mais baixas. Isso também limita o sabor amargo e produz café com menor teor de cafeína.

Enquanto a textura aveludada do café turco pode ser bastante agradável, esses últimos goles com a borra não são gostosos. Então, separar a borra de café do líquido tornou-se um dos principais objetivos do processo de fermentação – seja bem-vindo, filtro de café. Fazer café filtrando-o através de uma malha fina ou um filtro de papel permite que ele seja infusionado, pois a água quente entra em contato com os grãos finos, mas o líquido escorre pelo filtro e entra em outro recipiente coletor, deixando os grãos para trás. A velocidade do processo é determinada pela dificuldade da água de passar através do pó. Se há muito pó ou se ele é muito fino, a água leva muito tempo para escorrer, diminuindo assim a temperatura, o que torna impossível para o líquido extrair todas as moléculas que poderiam dar sabor à bebida. Da mesma forma, se você preparar o café com muita água ou grãos muito grossos, terminará com uma xícara fraca, com pouco corpo e muita acidez, porque a água não estará em contato com os grãos por tempo suficiente.

Mas, se você fizer da maneira correta, a filtragem te dará um bule quente de café claro, dourado e sem grãos. Não haverá espuma, no entanto. Para muitas pessoas, a xícara de café perfeita tem um pouco de espuma flutuando sobre o líquido – uma espuma criada pelo dióxido de carbono produzido durante o processo de torrefação, depois liberada dos grãos moídos durante a fermentação do café. Quando você usa um filtro de café, todo o dióxido de carbono é liberado durante a filtragem. Mas não se preocupe: nos últimos quatrocentos anos, foram inventados muitos outros métodos de fermentação que preservam a espuma, incluindo a cafeteira italiana, a prensa francesa e, é claro, a máquina de café *espresso*.

Além de produzir espuma, a prensa francesa é geralmente mais rápida do que usar um filtro, porque o pó de café é primeiro misturado com a água a cerca de 100 ºC e, enquanto ela faz o café – geralmente por alguns minutos (mais que isso libera menos sabor e aumenta o amargor) –, a temperatura diminui para cerca de 70 ºC. Assim, as moléculas de sabor são, a princípio, extraídas muito rapidamente, à medida que a superfície dos grãos de café é exposta à água quente, mas isso diminui conforme a temperatura cai, e torna-se cada vez mais difícil que a água tenha acesso ao interior das partículas. É quando o dióxido de carbono é liberado dos grãos e escapa para a superfície do bule, prendendo o líquido e formando a espuma. Quando termina a fermentação do café, você só precisa mergulhar o filtro da cafeteira para parar a infusão e prender o pó de café. Se você servir o café imediatamente, terá uma xícara quente e balanceada com aquele creme agradável por cima. Para fazer um café mais forte sem aumentar o sabor amargo, pode usar muitos grãos grossos ou menos grãos finos; o problema da segunda opção é que eles podem escapar pelo filtro de imersão e chegar até a xícara, e o problema da primeira é que ela não será capaz de extrair tanto sabor dos grãos.

Uma cafeteira italiana.

Uma maneira de contornar esse dilema é usar uma cafeteira italiana, também chamada de Moka. Nela, a água é mantida separada do pó de café em um compartimento selado. Quando a água é fervida, produz vapor quente, o que aumenta a pressão na cafeteira, atingindo cerca de uma vez e meia a pressão atmosférica, o que empurra a água quente através dos grãos de café e a faz entrar no compartimento superior quando a bebida estiver pronta. Usar a cafeteira italiana extrai muito mais sabor do que usar outra cafeteira ou um filtro e faz um café forte. A desvantagem dela, porém, é que, à medida que o nível de água na câmara de ebulição diminui, o vapor incrivelmente quente se mistura com a água, e como o vapor passa pelo pó de café, sua alta temperatura extrai muito sabor amargo, muitas vezes dando ao café um gosto quase de queimado.

A máquina de café *espresso* refina os princípios da cafeteira italiana produzindo o café mais confiável – e alguns dizem que o melhor sabor – que pode ser feito. A máquina de café *espresso*, assim chamada porque pode fazer café em trinta segundos, aquece a água entre 88 ºC e 92 ºC e depois a coloca sob pressão intensa (cerca de nove vezes a pressão atmosférica) antes de empurrá-la através do pó de café. A alta pressão extrai a máxima quantidade de sabor e, como o sistema não depende do vapor, não exagera no sabor amargo nem na adstringência. A velocidade do sistema é importante: significa que há pouco tempo para os voláteis do café escaparem para o ar. Então você acaba com um café encorpado, com um grande equilíbrio de sabores de nozes, terrosos e temperados, frutados e ácidos, com uma adstringência semelhante à do vinho.

Como os mecanismos de uma máquina de café *espresso* são controlados dessa maneira, ela sempre produz um excelente café e é incrivelmente rápida. Por isso é usada na maioria das cafeterias comerciais, e o número de bebidas que você pode fazer parece não ter fim. Servido puro, é chamado de *espresso*. Se você adicionar água quente, tem um americano; quantidades iguais de leite quente e espuma fazem com que seja um *flat white*; o leite espumado faz um cappuccino; e assim por diante. Como acontece com o chá, o leite altera radicalmente o sabor do café, suavizando a adstringência, mas também suavizando o sabor e substituindo-o por outro mais cremoso e maltado.

Os aviões usam versões menores de máquinas de café *espresso* para servir os passageiros da primeira classe, mas o café servido a todos os outros é filtrado. Devido à menor pressão de ar em um avião, o ponto de ebulição da água está a cerca de 92 ºC – o que, aliás, é perfeito para o café. Dito isso, o café que é mantido aquecido por um período muito longo entre ser preparado e bebido – como poderia acontecer em um avião ou em sua máquina de café no escritório – perderá muito do seu sabor aromático, deixando apenas o amargor e a adstringência.

LÍQUIDO

E essa não será a única coisa que o impedirá de desfrutar desse café mais ou menos quente de avião. Estudos mostraram que nossa sensibilidade aos cinco sabores básicos – doce, azedo, salgado, amargo e umami – é afetada pelo ruído do avião, bem como o nosso sentido do olfato. Por causa disso, é impossível saborear o café que você está bebendo com a mesma nuance que ele poderia ter no chão. Isso confirma minha experiência de voar; eu geralmente não gosto do café em aviões como acho que vou gostar.

Então, qual bebida é melhor – café ou chá? Certamente, cada uma é mais adequada a diferentes estados de espírito e momentos da vida. Mas há momentos, como quando você está em um avião na classe econômica, em que você precisa reconhecer que, mesmo que o chá se adapte melhor ao seu humor, as chances de conseguir uma boa xícara são tão pequenas que você deveria simplesmente recusar. Eu digo isso como um lembrete para mim mesmo. Minha xícara de chá tinha um gosto terrível, a temperatura de fermentação tinha sido muito baixa, era de saquinho, tinha esfriado enquanto o bule passava pelo corredor, a xícara tinha gosto de plástico e o barulho da cabine entorpecia meus sentidos, e assim qualquer sabor do chá tinha sido silenciado. Nunca me daria aquela sensação de estímulo contemplativo que eu tanto queria. Em retrospecto, eu deveria ter pedido café. Seus gostos básicos mais fortes resistem melhor à cacofonia da cabine, sua temperatura de fermentação combina melhor com os 40 mil pés, e o método de filtro usado em aviões produz uma xícara equilibrada de café, embora não seu sabor mais profundo.

Percebi que Susan havia terminado o café e estava prestes a pedir outro para o comissário de bordo que caminhava pelo corredor com um bule na mão, erguendo as sobrancelhas para qualquer um que olhasse para cima. Quando você está no assento da janela, nunca há um bom momento para ir ao banheiro, mas eu precisava muito ir, talvez por causa dos efeitos diuréticos da cafeína, e imaginei que se conseguisse passar por Susan antes que ela tivesse outra xícara de café em sua bandeja, seria capaz de esquecer o desastre do chá. Demonstrei meu desejo de sair, e ela se levantou para que eu pudesse deslizar para fora e cambalear pelo corredor escuro até as placas verdes mal iluminadas que indicavam "LAVATÓRIO".

8. Limpante

Enquanto tropeçava na direção do banheiro, senti mais do que um pouco de incerteza em meus pés. Meu joelho fraco fez um barulho e perdi o equilíbrio enquanto o avião fazia um ruído baixo ao voar pela estratosfera. Havia cobertores cobrindo os passageiros adormecidos e, à medida que avançava pelo corredor, tive *flashes* dos hábitos cinéfilos de meus companheiros de viagem observando suas telas de cristal líquido: uma mulher cantando no palco; um juiz usando uma peruca em uma pose séria em um tribunal; o Homem-Aranha pulando. Algumas pessoas dormiam, e outras estavam digitando em seus laptops, com os rostos iluminados por suas telas. Quando finalmente cheguei ao final do corredor, os banheiros estavam todos ocupados e tive que esperar com a tripulação da cabine passando por mim para atender aos passageiros da classe executiva. Olhei com inveja pela abertura da cortina que nos separava e vislumbrei passageiros reclinados, sendo tratados como imperadores romanos. Então ouvi o estalo da fechadura sendo deslizada para trás e vi uma luz brilhante saindo do banheiro. Um homem saiu rápida e impassivelmente do cubículo. Foi um ligeiro

LÍQUIDO

olhar de desculpas que detectei em seu rosto? Eu me preparei para um potencial cheiro horrível quando entrei, mas fiquei aliviado ao descobrir que o ar tinha um odor neutro, com um toque de limão sintético.

Levantei o assento do vaso sanitário, fiz um longo xixi e apertei o botão para iniciar o mecanismo de descarga a vácuo. Sempre acho isso um pouco ameaçador. O rugido e o barulho demoram um pouco demais, como se dissessem: "E aí, o que você está olhando? Eu poderia sugá-lo neste pequeno buraco também". Virei-me para a pia para lavar as mãos e vi dois recipientes com dispensadores. Apertei duas vezes o que mais parecia sabonete, que esguichou um líquido amarelo-claro na minha mão. Nunca gostei muito de sabonete líquido e me oponho a essa ação de esguichar. Sempre me lembra um pequeno animal de estimação medroso que faz xixi na sua mão quando você o pega.

Quando eu era criança, o sabonete líquido não tinha sido inventado. Só tínhamos sabonete em barra. Eram tão onipresentes que as pias eram fabricadas com entalhes projetados especificamente para segurar o sabão, assim ele não escorregaria para o chão ou para o ralo. Agora as barras de sabão são minoria e cada vez menos populares. Então, isso é progresso? O sabonete líquido é realmente muito melhor que as barras? Ou é apenas um modismo moderno, comercializado para nós com falsos pretextos, algo que acabará desaparecendo como as calças boca de sino e os CDs?

É difícil dizer sem antes entender as vantagens e as desvantagens do sabão normal. O sabão é uma substância milagrosa. Você pode se lavar com a água mais clara, mais pura e quente, mas não vai se livrar de qualquer sujeira oleosa e encardida que esteja endurecida em sua pele. Durante a maior parte da história, não estávamos preocupados com isso. As pessoas fediam e eram sujas. Ninguém dava a mínima. Tínhamos problemas maiores e nenhuma ideia de por que o sabão poderia ser importante. O que não quer dizer que o sabão não existisse. Receitas de fabricação de sabão foram encontradas em antigas tábuas de argila da Mesopotâmia, datadas de 2200 a.c., mas o material quase certamente existe há mais tempo que isso. O processo descrito é semelhante ao usado hoje: tirar cinzas de uma fogueira, dissolvê-las em água e ferver a solução com sebo derretido (gordura animal) – e magicamente você tem um sabão básico. Mesmo que os mesopotâmios não usassem sabão necessariamente para tomar banho, ele era usado para limpar a lã antes de tecê-la. O sabão removia a lanolina, um tipo de graxa, das fibras de lã.

Mas por que usavam gordura para remover graxa? O segredo está na água das cinzas, cuja palavra em árabe é *alkali*, que significa literalmente "das cinzas". Os álcalis são o oposto dos ácidos, mas ambos são altamente reativos e podem transformar outras moléculas. Nesse caso, o álcali transforma as gorduras.

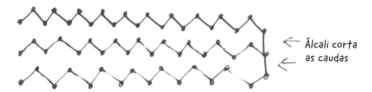

Um dos principais constituintes do sebo, uma molécula chamada triglicerídio. Ela tem três caudas que podem ser cortadas usando álcalis.

As gorduras, como o sebo animal, são constituídas de moléculas de carbono com uma estrutura química de três glicerídios, unidos em uma extremidade por átomos de oxigênio. A estrutura é completamente diferente da água, que é formada por moléculas muito menores de H_2O. As moléculas de água não apenas são menores que os triglicerídios, mas também são polares, ou seja, as cargas elétricas na molécula não são distribuídas igualmente:

há uma parte positiva e uma negativa. Essa polaridade é o que faz da água um solvente tão bom: ele é atraído eletricamente e envolve outros átomos e moléculas carregados, absorvendo-os. A água dissolve o sal dessa forma, dissolve o açúcar dessa forma e também dissolve o álcool dessa maneira. Mas as moléculas de gordura e óleo não são polarizadas, então não podem se dissolver na água. É por isso que óleo e água não se misturam.

O álcali produzido a partir das cinzas da madeira se divide em componentes positivos e negativos, portanto se dissolve na água. A solução resultante reage quimicamente com as moléculas de gordura, cortando as três caudas dos triglicerídios e tornando-os carregados. Isso produz três moléculas de sabão (chamadas estearatos). É importante ressaltar que essas são moléculas híbridas que têm uma cabeça eletricamente carregada, que gosta de se dissolver na água, e uma cauda de carbono, que gosta de se dissolver em óleos – é essa natureza híbrida que torna os sabonetes tão úteis.

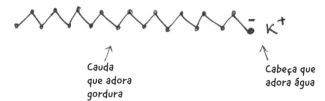

O ingrediente ativo no sabão, o estearato, mostrando sua cabeça carregada, que "adora água", e uma cauda de carbono, que "adora gordura".

Quando as moléculas de sabão entram em contato com uma gota de óleo, a cauda de carbono da molécula imediatamente se enterra nela, graças às suas semelhanças químicas. Mas a cabeça carregada do sabão quer ficar o mais longe possível do óleo, de modo que acaba saindo da gota. À medida que mais moléculas de sabão fazem o mesmo, formam uma estrutura molecular que se parece com uma semente de dente-de-leão: uma gota de óleo cercada por uma nuvem de moléculas de sabão, com suas cabeças eletricamente carregadas viradas para fora.

Como a bolha de óleo ou gordura agora tem uma superfície carregada, torna-se polar e assim se dissolverá felizmente na água. É assim que o sabão limpa – ele quebra a gordura e os resíduos de óleo em suas mãos e roupas em minúsculas gotas esféricas, que podem ser dissolvidas na água e lavadas.

O sabão limpa pela ação de moléculas surfactantes, como os estearatos. A cauda da molécula, que adora gordura, é absorvida pelo óleo, deixando a cabeça, que ama água, se projetando para fora. A nuvem de cabeças que amam água ao redor do óleo permite que ele seja dissolvido na água e, assim, limpa uma superfície.

A sensação limpa e seca que você obtém ao lavar as mãos com sabão acontece quando ele remove os óleos da sua pele. Em contraste, o sabão é escorregadio precisamente por causa de sua própria natureza gordurosa – é basicamente gordura modificada. É por isso que sai da sua mão com tanta facilidade, e é por isso que os sabonetes são usados como lubrificantes; assim, se você está tentando remover um anel de um dedo inchado, o sabão pode fazê-lo escorregar.

Usar sabão para limpar cria um tipo especial de líquido: é água suja, sim, mas é feita não apenas de sujeira, mas também de bolas de gordura. Na verdade, é um líquido suspenso em outro – uma

LÍQUIDO

emulsão. Emulsões são muito úteis porque permitem suspender muitos tipos diferentes de líquidos na água. A maionese, por exemplo, é uma suspensão muito concentrada de óleo na água, em que a proporção de óleo em relação à água é cerca de 3:1. Você faz isso agitando os dois juntos vigorosamente, até formarem um creme. Assim que você para de fazer isso, porém, os líquidos se separam, porque, como sabemos, óleos e água não se misturam. Mas, se você adicionar uma molécula semelhante ao sabão, vai estabilizar as gotículas de óleo. Para a maionese, a molécula de ligação vem dos ovos. As gemas de ovo contêm uma substância chamada lecitina, que tem uma estrutura muito semelhante à do sabão (com uma cauda que adora gordura e uma cabeça que ama água), e quando você as adiciona à sua mistura óleo/água, elas unem tudo e fazem a maionese. A gema de ovo também pode limpar suas mãos, assim como o sabão, e há muitas receitas de xampu que usam gema de ovo como ingrediente essencial de limpeza. Mostarda é outra substância que pode emulsionar óleos – e é por isso que, se você adicionar mostarda ao azeite e ao vinagre, que, de outra forma, não se misturam bem, formará uma emulsão estável, também conhecida como vinagrete. Todas essas substâncias ativas funcionam da mesma maneira e todas possuem um nome comum: são moléculas de interface chamadas surfactantes.

Mas o sabão não remove apenas óleos e gorduras; também remove as bactérias que estão ligadas a esses óleos e gorduras. Lavar as mãos com sabão é a maneira mais eficaz de se proteger contra infecções bacterianas e vírus. Mas, apesar da eficácia do sabão como agente de limpeza e de sua descoberta tão precoce no desenvolvimento humano, o uso regular de sabão para limpeza e higiene pessoal é um fenômeno moderno.

Ao longo da história, culturas diversas assumiram posições muito diferentes sobre o uso de sabão. Os romanos realmente não o usavam, preferindo raspar o suor e a sujeira mecanicamente e depois banhar-se primeiro na água quente e depois na fria para ficarem limpos. Os banhos públicos eram uma parte importante de sua cultura e dependiam de uma sofisticada infraestrutura de engenharia para fornecer água quente e fria. Na Europa, depois do colapso do Império Romano, a infraestrutura que mantinha os banhos públicos se arruinou e, assim, os banhos saíram de moda. Em cidades e vilas lotadas, sem acesso a água limpa, o banho era cada vez mais considerado um risco para a saúde. Durante a Idade Média, muitos europeus acreditavam que as doenças se espalhavam pelo miasma e pelo ar ruim. Eles achavam que se lavar, especialmente com água quente, abria os poros e tornava a pessoa mais suscetível a doenças, como a peste bubônica, também conhecida como peste negra. Havia também um componente moral associado ao banho naquele momento, no qual ser sagrado como um eremita ou santo envolvia a rejeição do conforto e do luxo. Por isso, quanto mais você fedesse, mais seria visto como alguém perto de Deus.

Essas atitudes peculiares à limpeza não estavam presentes em outras partes do mundo, e assim os visitantes do Oriente acharam até mesmo os europeus da realeza desconcertantemente fedorentos e sujos, assim como nós acharíamos, olhando do nosso ponto de vista moderno. Mas as normas culturais do passado podem muitas vezes parecer repugnantes em retrospectiva. Não faz muito tempo que fumar era bem normal, e o cheiro de fumaça estava em toda parte, em escritórios, restaurantes, bares e trens. Ainda me lembro de uma época em que fumar era permitido em aviões. Agora olhamos para trás com uma mistura de horror e perplexidade pensando em como permitíamos essa situação. Vista sob essa luz, a era dos imundos e malcheirosos europeus talvez não seja tão surpreendente.

LÍQUIDO

Assim como com o tabagismo, as consequências da falta de limpeza geral não eram apenas estéticas. No século XIX, ainda era prática normal que os médicos viajassem de leito em leito sem trocar de roupa ou lavar as mãos após examinar as mulheres durante o parto. Essa prática causava taxas incrivelmente altas de mortalidade materna e infantil durante o parto. Em 1847, um obstetra húngaro, Ignaz Semmelweis, ordenou que os médicos esfregassem as mãos com uma solução de cal clorada antes de tocar nas pacientes, e viu a taxa de mortalidade cair de 20% para 1%. Apesar dessa evidência, os médicos ainda relutavam em aceitar que poderiam estar carregando infecções nas mãos e as transferindo para seus pacientes, causando assim um número enorme de mortes. Só foi na década de 1850, quando uma enfermeira britânica, Florence Nightingale, começou sua campanha pela limpeza, que essa atitude foi de fato adotada, primeiro nos hospitais militares, e depois mais amplamente. Ela basicamente reuniu estatísticas e inventou novos tipos de gráficos matemáticos para mostrar suas provas aos médicos e ao público sobre as causas de doenças e da mortalidade. Aos poucos, à medida que as evidências científicas aumentavam, a teoria dos germes foi aceita de maneira mais geral por enfermeiros e médicos, e a lavagem higiênica com sabão tornou-se prática comum nos hospitais. É claro que nem todo sabão é criado da mesma forma, e o novo papel de manter as pessoas limpas e saudáveis surgiu em um momento em que a industrialização e o marketing se combinavam para criar nossa moderna cultura consumista ocidental. O sabão estava pronto para fazer a transição de uma *commodity* para um produto comercial.

A 40 mil pés em um pequeno banheiro de avião, eu também estava esperando usar o sabão para fazer uma transição: de um viajante cansado para um revigorado, limpo e de olhos brilhantes. Lavei as mãos na pequena pia do toalete do avião e me inspecionei no espelho. Meus olhos estavam vermelhos e a pele ao redor deles parecia seca e enrugada; meu rosto parecia amarelo e doente. Verifiquei a lâmpada para ver se era fluorescente azulada. Era. *Talvez isso explique*, pensei. Mas então, depois de uma inspeção mais profunda, notei, com horror, que tinha molho de curry amarelo no colarinho da minha camisa. Susan não tinha mencionado nada, mas por que deveria? Instintivamente tentei limpar com um pouco de saliva. Como estava bem debaixo do meu queixo, tive que realizar toda a operação no espelho. Mas as enzimas na minha saliva não fizeram nenhum progresso com o ponto amarelo (provavelmente feito de cúrcuma); na verdade, molhar meu colarinho acabou espalhando a mancha. Depois de cinco minutos esfregando, durante os quais houve algumas batidas na porta do banheiro, só tinha piorado tudo.

Detergente em pó foi um dos primeiros produtos industriais à base de sabão. Todo mundo precisa lavar roupas, e a crescente importância da higiene e da limpeza moldou atitudes em relação ao *status* social e à classe no século XIX: se você usasse roupas sujas em uma festa, na igreja ou em qualquer outra reunião religiosa, não seria considerado apenas pobre e de baixo *status*, mas cada vez mais também seria considerado imoral. Não era mais verdade que ser fedorento e sujo significava virtude. Germes e doenças estavam agora associados a hábitos impuros. Assim, em 1885, quando o reverendo Henry Ward Beecher declarou que "a limpeza está ao lado da divindade", estava expressando uma crença amplamente difundida de que moralidade e espiritualidade tinham uma manifestação física e que o sabão era uma ajuda indispensável para esse status mais elevado.

Ao mesmo tempo, a disseminação tanto de ferrovias como de jornais unia pessoas, possibilitando a disseminação de uma mensagem por toda uma nação – as marcas de sabonetes puderam se tornar instituições nacionais. Nos Estados Unidos, a Procter &

LÍQUIDO

Gamble (P&G) tornou-se a mais poderosa presença na indústria do sabão. Fundada em 1837 em Cincinnati por dois imigrantes ingleses, William Procter e James Gamble, a Procter & Gamble vendia velas e sabonetes, ambos feitos com sebo da indústria local de carne. Mas, no decorrer do século XIX, a indústria de velas declinou – primeiro por causa da popularidade do óleo de baleia e depois por causa do querosene – enquanto o mercado de sabão crescia. A P&G inventou o sabonete Ivory e investiu grandes somas em marketing no país todo, colocando anúncios em jornais e revistas nacionais. Então, com a invenção do rádio, na década de 1920, a P&G começou a patrocinar radionovelas, que eram ouvidas principalmente por mulheres sozinhas em casa durante o dia, lavando roupas e fazendo outros afazeres; as novelas eram muito populares e acabaram ganhando um nome em homenagem ao produto que as patrocinava – *soap operas.*

A invenção da máquina de lavar libertou as pessoas – principalmente as mulheres – do exigente ritual social de lavar roupas, e com isso veio um novo conjunto de substâncias para limpar nossa roupa suja. O sabão, que foi o principal meio de lavar roupas por quase 5 mil anos, de repente passou por uma melhoria química e tornou-se detergente. Detergentes são coquetéis de agentes de limpeza. Contêm surfactantes, como o sabão, mas também muitos outros ingredientes para torná-los mais eficazes e menos prejudiciais ao meio ambiente. No sabão, a cabeça carregada da molécula que adora água é atraída pelo cálcio na água; assim, se você vive em um lugar que tem água dura, o cálcio se fixa ao sabão e forma espuma, assim como faz no chá. A espuma do sabão, no entanto, parece um pouco diferente – é a substância esbranquiçada que fica em suas mãos ao lavá-las com uma barra. A espuma não é apenas inconveniente, ela também consome o sabão; portanto, menos barra está disponível para limpeza. Também pode deixar um resíduo cinzento pouco atrativo nas roupas.

O que fazer com os resíduos de sabão? Você tem que fazer sabão que seja menos atraído pelo cálcio. Os químicos descobriram um novo conjunto de moléculas como o sabão, com uma cabeça que ama água e uma cauda que ama gordura, mas com essas moléculas eles puderam controlar cuidadosamente as cargas elétricas e torná-las menos atrativas ao cálcio: eram os novos surfactantes.

Como a demanda por detergente crescia, a concorrência entre os fabricantes tornou-se intensa. As organizações empregavam os melhores químicos que podiam encontrar na esperança de criar melhores detergentes. Desenvolveram detergentes contendo alvejantes suaves que poderiam preservar melhor os brancos, reagindo com as moléculas responsáveis pelas manchas marrons e eliminando-as quimicamente. Também colocaram moléculas fluorescentes no sabão em pó, chamadas de branqueadores óticos, que se prendem às fibras das roupas brancas e ficam lá até depois da lavagem. Os branqueadores óticos absorvem a luz ultravioleta invisível e emitem luz azul, proporcionando um tecido "mais branco que o branco", como tantas empresas de detergentes anunciam. Você pode ver como eles funcionam se for a um clube noturno: as luzes ultravioletas sobre a pista de dança ativam as moléculas fluorescentes em suas roupas brancas, fazendo-as brilhar.

A gama de surfactantes se expandia. Os surfactantes aniônicos (nos quais a cabeça que ama água da molécula é carregada negativamente, como no sabão) foram criados não apenas para evitar a formação de espuma e remover a sujeira, mas também para evitar que a sujeira voltasse a se depositar nas roupas durante a lavagem. Os surfactantes catiônicos (nos quais a cabeça da molécula que ama água tem carga positiva) foram desenvolvidos como condicionadores de tecidos. E surfactantes não iônicos (nos quais a cabeça da molécula que ama água é neutra) removem a sujeira mesmo em baixas temperaturas e são menos espumosos que a maioria dos

LÍQUIDO

outros surfactantes. Evitar a espuma é importante: ela não ajuda a remover manchas e é inconveniente que as máquinas de lavar se encham de espuma, pois é difícil se livrar dela. Na verdade, os detergentes frequentemente contêm agentes antiespuma para suprimir a formação de bolhas.

Enzimas biológicas são adicionadas à maioria dos detergentes em um esforço para reduzir o impacto ambiental da lavagem de roupas. As enzimas ajudam a capturar quimicamente as proteínas e os amidos que você encontraria nas manchas. São capazes de remover manchas a temperaturas mais baixas, o que torna as máquinas de lavar de baixa temperatura muito mais eficazes, economizando energia e dinheiro. Chamamos as enzimas de biológicas porque são derivadas de enzimas naturais encontradas em sistemas vivos que fazem um trabalho semelhante de degradação e remoção de material indesejado no corpo. No Reino Unido, existem dois tipos de detergentes para roupa: bio e não bio. Os biodetergentes contêm enzimas e, embora lavem muito melhor, os detergentes não bio ainda estão disponíveis devido a um mito persistente – que nunca foi verificado – de que os biodetergentes causam irritação na pele.

Nós obviamente nos importamos muito com roupas limpas. Mas também queremos cabelos limpos, brilhantes e cheirosos. Aí entram os xampus. A palavra *shampoo* veio para a língua inglesa da Índia, onde se referia a um tipo de massagem na cabeça usando óleos e loções. A prática foi importada para a Grã-Bretanha durante os tempos coloniais e acabou por significar um tipo de lavagem de cabelo. O primeiro xampu moderno foi criado na década de 1930 pela Procter & Gamble: chamava-se Drene. Esse xampu era feito com um novo surfactante líquido mais suave e era acondicionado em uma garrafa de vidro com um rótulo verde e roxo brilhante. Mais ou menos na mesma época, a Unilever, principal rival da Procter & Gamble, entrou em atividade. A rivalidade entre essas duas empresas globais levou a várias inovações em detergentes desde então.

Se você olhar os ingredientes de uma embalagem de xampu moderno, provavelmente verá algo chamado lauril sulfato de sódio ou seu primo lauril éter sulfato de sódio. São os blocos de construção dos xampus mais modernos; ambos são surfactantes muito eficazes que não interagem tanto com o cálcio na água, e por isso não formam resíduos. Também fazem outra coisa que consideramos uma parte essencial do xampu – criam espuma. E fazem isso muito bem.

Um dos primeiros anúncios de xampu comercial.

Lauril sulfato de sódio (SLS): observe a cabeça que ama água e a cauda que adora gordura.

LÍQUIDO

Quando você usa xampu, a espuma é criada ao esfregar, prendendo o ar na água enquanto ensaboa. O ar tenta escapar da água e, quando atinge a superfície do líquido, forma uma bolha. Se você está esfregando o cabelo sem qualquer surfactante, a bolha será apenas uma fina camada de água pura, que tem uma alta energia superficial com o ar, por isso vai estourar rapidamente. Mas tudo isso muda quando você adiciona um surfactante como o lauril sulfato de sódio à mistura. As moléculas do surfactante se acumulam facilmente na fina camada de água que envolve a bolha, diminuindo a energia superficial do líquido de tal forma que a camada líquida se torna relativamente estável. Enquanto você massagear o xampu no cabelo, essas bolhas mais resilientes continuarão se formando, resultando em um acúmulo de espuma. Como o surfactante está simultaneamente coletando todo o óleo e a gordura, associamos a limpeza com a formação de espuma e avaliamos a eficácia de um xampu pela sua capacidade de formá-la. Anúncios modernos enfatizam isso, mas a espuma não ajuda o xampu a limpar melhor. Seu papel é puramente estético.

O lauril sulfato de sódio e sua família de surfactantes funcionam bem e são tão baratos que é possível encontrá-los em praticamente todo tipo de produto de limpeza. Não estão apenas em xampus, mas também em sabões em pó, em detergentes de louça e até em pastas de dente – é por isso que sua boca se enche de espuma ao escovar os dentes. Mais uma vez o papel da espuma é puro exibicionismo: *Olha, estou lavando meus dentes!*, é o que diz. O sucesso do lauril sulfato de sódio fez com que ele suplantasse as barras de sabão como a principal forma de lavar o resto do corpo no banho, não apenas o cabelo – foi o advento dos chamados "sabonetes líquidos". Eram distribuídos em pequenas garrafas e recipientes, como os xampus. E, como a família de surfactantes de lauril sulfato de sódio é transparente, eles ficam ótimos em frascos

176

transparentes, especialmente se você os colorir e perfumar, como pode fazer com o xampu.

O apelo dos sabonetes líquidos não era apenas estético. Quando você está no chuveiro ou no banho, as barras de sabão têm uma desvantagem, pois, assim que se molham, ficam incrivelmente escorregadias. Se você estiver na banheira em uma área com água dura e estiver usando uma barra de sabão, não apenas terminará sentado na água com impurezas quando o sabão reagir com o cálcio na água, mas também correrá o risco de perder o sabão se ele escorregar da sua mão para a água turva. E se você estiver no chuveiro quando o sabão escorregar da sua mão, ele geralmente se soltará, serpenteando ao redor como uma bala ricocheteando, potencialmente aterrissando onde você poderia pisar nele, perder o equilíbrio, escorregar e quebrar a cabeça. Não é assim com o sabonete líquido.

O sabonete líquido também tem a vantagem de estar contido dentro de uma garrafa. O sabonete em barra tem que ficar em algum lugar, geralmente em uma superfície exposta, onde solta uma camada externa de espuma e impurezas nojentas, dando uma aparência desagradável e certamente não muito fotogênica – ao contrário dos sabonetes líquidos, que mantêm seu apelo amigável mesmo depois de cada uso. Mesmo depois de secar novamente, o sabonete em barra nunca retorna à sua aparência sólida e confiável; depois de apenas um uso, a barra já está deformada.

Na década de 1980, uma empresa chamada Minnetonka começou a pensar em formas de tirar o sabonete líquido do chuveiro e colocar em toaletes e cozinhas. Mas eles sabiam que precisava ser sentido de forma diferente – não podia ser como xampu ou sabonete líquido, e com certeza não como o detergente – mesmo que, na verdade, fosse um produto muito parecido. Eles tiveram que vendê-lo para as pessoas como algo novo e muito atraente.

LÍQUIDO

Acertaram na ideia dos dispensadores tipo *pump*, e isso acabou sendo um golpe de gênio. Qualquer um que tivesse se preocupado em pegar uma barra de sabão úmido que tinha sido usada pela pessoa anterior no toalete agora poderia aproveitar a experiência aparentemente pura de ter detergente aplicado direto na palma da mão. Mas a moda não pegou logo de cara. Nem todos ficaram impressionados – para alguns, parecia ser uma solução excessivamente complicada para um não problema. Outros, como eu, como já mencionado, não gostaram da sensação de que um pequeno animal de estimação estava mijando na minha mão.

Mas, se o público foi ambivalente com os sabonetes líquidos nos anos 1980, a década de 1990 trouxe algo que virou a balança a seu favor: uma bactéria chamada *Staphylococcus aureus*, que tipicamente infecta feridas após a cirurgia e, com o tempo, desenvolveu cepas resistentes a antibióticos, dificultando o tratamento. Essas cepas foram descobertas pela primeira vez na década de 1960, mas, na década de 1990, o *Staphylococcus aureus* que era resistente ao tratamento pelo antibiótico meticilina havia se tornado uma epidemia nos hospitais. No Reino Unido, as infecções por *Staphylococcus aureus resistentes à meticilina* (MRSA) foram responsáveis por 50% de todas as infecções hospitalares. Havia taxas igualmente altas em toda a Europa e nos Estados Unidos, levando a um aumento acentuado na mortalidade hospitalar. Até 2006, o Reino Unido tinha visto 2 mil mortes pelo MRSA, e os hospitais estavam lutando para lidar com a disseminação da bactéria. Felizmente, graças a regimes mais rigorosos de limpeza das mãos – em particular exigindo que enfermeiros e médicos lavassem as mãos após o contato com os pacientes – a taxa de mortalidade diminuiu na última década.

Fora do hospital, porém, começou uma campanha de saúde pública exaltando os benefícios das mãos limpas, que se apoiava na promoção de sabonetes antibacterianos, que, junto com o lauril sulfato de sódio e suas moléculas primas, contêm agentes como o triclosan, uma molécula antimicrobiana. Esses sabonetes foram comercializados como melhores do que o sabão tradicional para evitar a propagação de germes. O marketing funcionou – a demanda por sabonetes antibacterianos foi enorme, apesar de nunca ter havido qualquer evidência de que fossem mais eficazes do que o sabão convencional e a água. Na verdade, a dra. Janet Woodcock, diretora do Centro de Avaliação de Drogas da Food and Drug Administration dos Estados Unidos (FDA), disse que certos sabonetes antimicrobianos podem realmente não trazer nenhum benefício à saúde.

"Os consumidores podem pensar que os produtos antibacterianos são mais eficazes na prevenção da propagação de germes, mas não temos nenhuma evidência científica de que sejam melhores do que o sabão comum e a água", disse ela em um comunicado. "Na verdade, alguns dados sugerem que ingredientes antibacterianos podem fazer mais mal que bem no longo prazo."

Em 2016, sabonetes antibacterianos foram proibidos nos Estados Unidos. Mas desde então os sabonetes líquidos se infiltraram em todos os lugares. Despidos de seus agentes antibacterianos, os sabonetes líquidos agora respondem pela maioria dos sabonetes comprados no Reino Unido e nos Estados Unidos. Eles ainda estão em nossos hospitais, nossas casas e, sim, em nossos banheiros de avião, onde eu estava esguichando um pouco na minha mão agora.

"Bong", era o intercomunicador do avião:

"Aqui é o capitão falando. Vamos enfrentar alguma turbulência, então o sinal de *cinto de segurança* foi aceso. Todos os passageiros devem voltar a seus lugares. Obrigado."

Ouvir isso enquanto você está no banheiro é um pouco estranho. Antes daquele momento, eu sentia total privacidade, mas ela foi abalada por uma sensação de que o capitão tinha acabado de enfiar a cabeça pela porta. A parte paranoica do meu cérebro até considerou que o anúncio poderia ter sido apenas uma manobra para me tirar do banheiro, onde tinha passado muito tempo lendo os ingredientes na parte de trás da garrafa de sabonete líquido.

O sabonete líquido que eu estava usando de fato continha lauril éter sulfato de sódio. Muito provavelmente era feito de óleo de palma ou óleo de coco. Essas árvores florescem em climas tropicais e se tornaram incrivelmente importantes para a economia global porque são fáceis de cultivar e têm um alto rendimento de óleo, tornando-as estáveis e rentáveis para qualquer país com climas adequados. Cinquenta milhões de toneladas de óleo de palma são produzidas todos os anos e são usadas desde bolos a cosméticos – da próxima vez que você estiver em um supermercado, dê uma olhada nos ingredientes de biscoitos, bolos, chocolate, cereais e assim por diante. Provavelmente encontrará óleo de palma em todos eles.

A estrutura do ácido láurico, que é frequentemente obtido a partir do óleo de palma.

O óleo da semente de palma é particularmente útil para a fabricação de sabonete líquido devido à sua composição química incomum. Contém uma grande quantidade de ácido láurico, uma molécula com uma cadeia de doze carbonos com um grupo ácido carboxílico no final. Parece muito com um surfactante, mas sem um final com carga. Isso é facilmente corrigido, no entanto, quimicamente falando. O importante é seu tamanho; o ácido láurico, quando usado para fazer surfactante, cria um polímero que é muito menor do que o encontrado no sabão normal, que geralmente tem dezoito átomos de carbono.

O ácido láurico, sendo menor, produz um surfactante menor e, por isso, é mais leve e mais eficaz como agente espumante. Na verdade, é quase bom demais. Nossa satisfação com esses sabonetes líquidos levou a um enorme aumento em sua produção e na demanda por óleo de palma e óleo de coco. Isso, por sua vez, resultou na redução de grandes setores da floresta tropical nos países onde os óleos são feitos, como Malásia e Indonésia, substituindo essa imensa biodiversidade por uma monocultura de palmeiras. Isso leva a todo tipo de impacto negativo, como a destruição de habitats de animais silvestres, muitos deles já ameaçados, e o deslocamento de comunidades indígenas, marginalizadas há séculos. Tal é a demanda por sabonetes líquidos, porém, e para os outros usos do óleo de palma, que esse processo continua.

E, para piorar a situação, os detergentes feitos com lauril éter sulfato de sódio, que gastamos tanta energia para conseguir, podem funcionar bem demais para algumas pessoas. Eles removem gorduras e óleos tão bem que causam irritação na pele, como eczema e dermatite. Para evitar isso, os fabricantes de sabonetes líquidos adicionam modificadores e hidratantes aos seus sabonetes, que substituem os óleos naturais que o lauril éter sulfato de sódio retira de sua pele. Você poderia quase se alegrar, então, por saber que a maior parte do sabão líquido que é usado acaba indo pelo cano da pia sem sequer interagir com suas mãos. Os fabricantes de sabonetes líquidos tentaram resolver isso aumentando a viscosidade do sabão e também criando dispensadores que esguicham o sabonete não como líquido, mas como uma espuma pré-formulada, que é mais útil. Os dispensadores de espuma são realmente bons, não apenas porque esguicham a pequena quantidade de surfactante de que você precisa junto com muito ar, mas também porque finalmente criaram um uso ativo para a espuma. Não é apenas estético, como em xampus, sabonetes líquidos e cremes dentais. Nesses dispensadores, a espuma é o meio que transporta o surfactante para as mãos.

De uma forma ou de outra, os sabonetes líquidos, de vários tipos, tornaram-se uma indústria de 100 bilhões de dólares. Contamos com detergentes para nos mantermos limpos e perfumados, para manter nossas roupas limpas e perfumadas, para manter nossos cabelos limpos e perfumados, para lavar nossos pratos e, talvez o mais importante em um mundo densamente povoado, por serem uma das formas mais poderosas de nos manter saudáveis e impedir a disseminação de doenças. Mas, quando os compramos, geralmente pagamos pelo marketing; os ingredientes essenciais dos detergentes, os que fazem a limpeza, são baratos – mais uma razão para considerar como esses produtos estão sendo produzidos e seu impacto nas florestas tropicais.

Eu amo uma barra de sabão. É do tamanho da mão, e usá-la me dá a sensação de contato material, o que acho tranquilizante e reconfortante. Sim, é difícil fazer marketing de barras de sabão, mas isso é parte do que gosto nelas – você compra um sabonete porque precisa dele, não porque acha que isso vai fazer de você uma pessoa diferente, mais bem-sucedida, mais desejável ou sexy.

O avião agora estava balançando e pulando de uma maneira alarmante. Houve uma batida forte na porta e um comissário me perguntou se eu estava bem. Por um momento, eu me preocupei se estaria no banheiro há horas, reclamando comigo mesmo sobre o aumento do uso do sabonete líquido, mas então percebi que estavam se referindo à turbulência. *Hora de voltar ao meu lugar*, pensei. Mas antes de sair do cubículo, hesitei, minha mão pairando sobre a segunda garrafa ao lado da pia. Continha outro líquido, um hidratante. Por que estava ali? Será que de fato precisamos hidratar nossas mãos toda vez que as lavamos? Isso também faz parte da crescente pressão para consumir produtos, independentemente de precisarmos deles de verdade, fazendo sabonetes que limpam bem demais as mãos e, em seguida, fornecendo depois o antídoto – um creme hidratante? Ou eu estava apenas sendo paranoico? Peguei um pouco de qualquer maneira; era uma garrafa de boa aparência, com um aroma doce e fresco de limão ao qual achei ridiculamente difícil resistir.

9. Refrigerante

Enquanto voltava do banheiro, passei por uma das grandes portas de saída ovais do avião; tinha uma vigia e uma alça vermelha convidativamente grande. Sempre sinto um estranho desejo de abrir as portas dos aviões, não sei por quê. Se fizesse isso, o ar dentro da cabine seria sugado, junto comigo e qualquer outra pessoa que não estivesse usando o cinto de segurança. Todo mundo que estivesse de cinto ficaria no lugar, mas a temperatura do ar no avião cairia para cerca de -50 ºC, e a pressão do ar também cairia, dificultando bastante a respiração. Nesse ponto, como sabemos nas informações de segurança pré-voo, as máscaras de oxigênio cairiam do compartimento acima dos assentos.

A baixa pressão do ar em altitude é, obviamente, a razão pela qual voamos tão alto: a menor densidade do ar proporciona menos resistência à nossa passagem, tornando a aeronave mais eficiente em termos de combustível e permitindo que ela voe mais. No entanto, apresenta um problema duplo para os engenheiros aeronáuticos: eles precisam encontrar maneiras de impedir que seus passageiros morram de asfixia ou de hipotermia. Eles conseguiram

LÍQUIDO

isso por meio do ar-condicionado, cuja história envolve alguns dos líquidos mais perigosos do planeta.

Voltei para o meu lugar e dei um sorriso de desculpas a Susan. Pretendia que aquele sorriso transmitisse a ela que sentia muito por interromper sua leitura, por fazê-la soltar o cinto de segurança e, ao forçá-la a se levantar, por desalojar inadvertidamente as migalhas no colo dela, embora, é claro, nada disso fosse realmente minha culpa. É resultado da organização dos assentos dos aviões, e ir ao banheiro é uma coisa perfeitamente natural de se fazer, mesmo que eu tenha ficado lá por muito tempo.

Susan levantou-se com um sorriso que parecia me dizer: "Não há problema em ir ao banheiro, não se preocupe com isso". Ela se espremeu no corredor e eu passei por ela, voltando ao meu lugar. Nós dois afivelamos nossos cintos de segurança enquanto o avião sacudia e balançava. A turbulência era causada por mudanças na densidade do ar pelo qual estávamos voando; por causa dos padrões climáticos abaixo, estávamos passando por uma mistura de ar de baixa e alta densidade. Quando o avião atingia bolsões de ar de alta densidade, diminuía a velocidade por causa do aumento do arrasto no avião. Então, quando chegava aos bolsões de baixa densidade, caía repentinamente, pois o ar de baixa densidade proporciona menos sustentação às asas.

Apesar das rápidas mudanças na pressão do ar no lado de fora, minha respiração era bastante normal; a pressão da cabine, embora mais baixa do que eu estava acostumado, não era flutuante. Isso acontecia graças ao ar-condicionado, um campo tão especializado da engenharia que até Einstein se interessou por ele, em sua época, e registrou várias patentes por suas inovações, embora na época estivesse mais interessado em salvar vidas no chão do que em permitir que as pessoas respirassem durante voos de longa distância.

O problema que Einstein estava tentando resolver era o seguinte: na década de 1920, as geladeiras, recém-inventadas, estavam ganhando popularidade, e as caixas de gelo, que tinham sido a maneira de manter as coisas frias por centenas de anos, estavam sendo retiradas dos lares. Mas essas primeiras geladeiras não eram muito seguras. Einstein ficou chocado ao ler no jornal que uma família morando em Berlim, com várias crianças, havia sido envenenada porque a bomba na geladeira vazou. Na época, as geladeiras usavam um dos três tipos de líquido refrigerante: clorometano, dióxido de enxofre ou amônia – todos tóxicos. Foram escolhidos, no entanto, por causa de seus baixos pontos de ebulição.

As geladeiras funcionam bombeando líquidos através de uma série de tubos contidos nelas. Se a temperatura nelas estiver mais quente que o ponto de ebulição dos líquidos, eles fervem. A fervura requer entrada de energia para romper as ligações entre as moléculas no líquido (chamadas de calor latente), e esse calor é retirado do ar dentro da geladeira, esfriando-a. Por isso a necessidade de líquidos de baixo ponto de ebulição: eles precisam ferver em temperaturas em torno de 5 °C dentro de uma geladeira. Mas, para que um fluido seja realmente útil em uma geladeira, você precisa ser capaz de transformá-lo novamente em líquido, comprimindo-o por meio de uma bomba.

Para comprimir um gás em um líquido, é preciso remover o calor latente dele – essencialmente, o calor é espremido do gás. Isso acontece na parte de trás da geladeira – é possível ouvir quando o compressor está funcionando; é aquele zumbido que sua geladeira emite intermitentemente. É por isso que a parte traseira da sua geladeira está sempre quente, e também porque deixar sua geladeira aberta não vai esfriar sua casa; qualquer resfriamento causado pela abertura da porta é mais do que compensado pelo calor produzido na parte de trás pela bomba, uma manifestação da primeira lei

LÍQUIDO

da termodinâmica, que afirma que se fizermos algo frio retirando energia do objeto, então essa energia tem que ir a algum lugar – não pode simplesmente desaparecer. Então, neste caso, a energia sai da parte de trás da geladeira.

Pode parecer fácil colocar uma bomba em um conjunto de tubos contendo um líquido e depois acrescentar uma válvula para permitir que ele se transforme em gás, mas isso é um desafio considerável de engenharia. O gás está sob pressão, então as moléculas estão em constante movimento, colidindo contra o interior dos tubos. Onde os tubos se conectarem com a bomba, existirão pontos fracos, locais onde, sem os materiais corretos, as moléculas em constante agitação, expandindo-se e escapando, levam a falhas no material. O que é exatamente o que acontecia nos primeiros projetos de geladeiras. No meio da noite, a amônia vazava e matava famílias inteiras em suas camas.

Einstein queria fazer alguma coisa com relação a isso e, tendo sido advogado de patentes, entendia as complexidades técnicas das máquinas mecânicas e elétricas. Começou a trabalhar com um físico chamado Leo Szilard, e juntos eles tentaram inventar um novo tipo de geladeira, que seria mais seguro para as famílias usarem em suas casas. Queriam se livrar de bombas externas, junto com todos os conectores que as acompanhavam, e em vez disso, criar um sistema sem partes móveis, que teria muito menos probabilidade de falhar.

De 1926 a 1933, Szilard e Einstein trabalharam juntos para desenvolver diferentes maneiras de manipular líquidos em gases, e vice-versa, para criar uma geladeira funcional. Claro, como acabamos de descobrir, um líquido que evapora e vira gás esfria seu ambiente. Mas fazer o caminho inverso, recuperar o líquido, sempre foi feito com uma bomba que forçava as moléculas de gás a se aproximarem umas das outras, comprimindo-as novamente em líquido. Tinha que haver outra forma. Szilard e Einstein tiveram muitas ideias. Construíram protótipos de trabalho e pediram várias patentes. Um projeto usava calor para acionar o butano líquido em torno de uma série de tubos, onde se combinava com amônia para virar gás, criando um efeito de resfriamento; o gás era então misturado com água, que absorvia a amônia e permitia que o butano circulasse novamente pelos tubos, dando continuidade ao processo de refrigeração. O segundo tinha metal líquido, inicialmente mercúrio, passando por uma série de tubos, que vibravam usando forças eletromagnéticas; a oscilação do líquido vibratório agia como um pistão para comprimir o refrigerante de um gás para um líquido – criando essencialmente a refrigeração por meio de um líquido atuando sobre outro líquido, sem movimentar nenhuma parte sólida. Assim como em seus outros projetos, os fluidos usados foram hermeticamente selados em tubos, sendo, portanto, supostamente, mais seguros que os modelos em uso no momento.

Embora houvesse interesse comercial em seus protótipos – uma empresa sueca, Electrolux, comprou uma patente, e uma empresa alemã, Citogel, desenvolveu outra – a parceria Szilard-Einstein já estava chegando ao fim. Naquele momento o Partido Nazista estava ganhando popularidade na Alemanha e era cada vez mais difícil para judeus como Szilard e Einstein viverem e trabalharem dentro do país.

Szilard mudou-se para a Grã-Bretanha, onde inventou algo que mudaria o curso da história – não esfriando as coisas, mas aquecendo-as. Foi o princípio por trás da bomba atômica: a reação em cadeia nuclear. Por outro lado, Einstein viajou pela Europa enquanto um Partido Nazista cada vez mais hostil ganhava poder. Einstein e Szilard foram parar nos Estados Unidos, onde puderam continuar sua colaboração, mas já era tarde demais. Os cientistas

LÍQUIDO

norte-americanos também estavam trabalhando para tornar as geladeiras mais seguras, mas abordaram o problema de outra forma – tornando os fluidos de trabalho mais seguros, em vez de eliminar as bombas. Em 1930, o químico Thomas Midgley inventou o líquido freon, que foi saudado como seguro e barato, e tirou Einstein e Szilard do negócio de refrigeração. Infelizmente, o freon não era nem um pouco seguro, mas demorou cinquenta anos para descobrirem isso, embora Thomas Midgley fosse conhecido por criar líquidos perigosos.

Na década de 1920, quando trabalhava na General Motors, Thomas Midgley descobriu um líquido chamado tetraetilchumbo, que, quando adicionado à gasolina, fazia com que esta queimasse mais completamente, aumentando assim o desempenho dos motores a gasolina. O tetraetilchumbo funcionava bem, mas continha chumbo, que é altamente tóxico. Midgley se envenenou enquanto trabalhava com isso. "Depois de um ano de trabalho com chumbo orgânico", escreveu ele em janeiro de 1923, "descobri que meus pulmões tinham sido afetados e que é necessário abandonar todo o trabalho e respirar muito ar fresco". Apesar dos claros perigos, ele continuou. Levou muitos anos, durante os quais alguns dos trabalhadores da produção sofreram de envenenamento por chumbo, alucinações e morte, mas no final, em 1924, Midgley realizou uma coletiva de imprensa demonstrando a segurança do tetraetilchumbo. Ele derramou o líquido sobre as mãos e inalou o vapor. Mais uma vez, sofreu um envenenamento por chumbo, mas isso não o impediu de colocar o líquido em produção comercial.

O tetraetilchumbo mais tarde foi usado como aditivo para a gasolina no mundo todo, mas, a partir da década de 1970, começou a ser abandonado, por causa da evidência cumulativa de sua toxicidade (só foi totalmente banido do Reino Unido em 1º de janeiro de 2000). Como resultado, houve uma queda dramática nas taxas de concentração de chumbo no sangue das crianças, por exemplo, e os efeitos sociais foram generalizados. Uma correlação estatisticamente significativa foi encontrada entre a taxa de uso de combustível com chumbo e crimes violentos, por exemplo. Tal é a potência do chumbo como substância neurodegenerativa; cientistas especularam que a proibição da gasolina com chumbo provocou um aumento significativo no QI das pessoas que vivem em áreas urbanas.

Mas tudo isso foi depois que Midgley começou a trabalhar no problema da refrigeração segura. No final da década de 1920, ele tinha encontrado uma solução. Sua equipe se concentrou em pequenos hidrocarbonetos como o butano, com baixos pontos de ebulição. A desvantagem dessas substâncias era o fato de serem altamente inflamáveis e terem alto potencial explosivo, razão pela qual elas são usadas como combustível em isqueiros e fogões de acampamento.

Elas substituíram os átomos de hidrogênio nas moléculas de hidrocarboneto por flúor e cloro, criando assim uma nova família de moléculas, chamadas clorofluorcarbonos (CFCs). Ao fazer isso, estavam potencialmente criando algo ainda mais perigoso do que os pequenos hidrocarbonetos com os quais tinham começado. Se essas novas moléculas se decompusessem, formariam fluoreto de hidrogênio, uma substância muito corrosiva e tóxica. Mas a equipe de Midgley achava que esse tipo de decomposição era bastante improvável porque a ligação flúor-carbono era tão forte que o líquido seria inerte. E isso se comprovou: os clorofluorcarbonos são de fato quimicamente inertes. Eles pareciam ser a solução química perfeita para o problema da refrigeração, porque, se vazassem pela parte de trás, não matariam ninguém. Midgley estava certo sobre isso, mas estava errado sobre a segurança dos CFCs.

LÍQUIDO

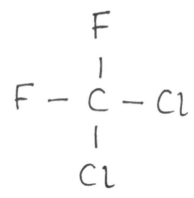

A estrutura molecular do CFC freon.

Desde a sua introdução, os CFCs vazavam pela parte de trás das geladeiras, mas parecia que o principal efeito disso era que elas davam algum defeito – não matavam ninguém. E como a produção tinha baixo custo, houve um enorme aumento na popularidade das geladeiras. Em 1948, apenas 2% do Reino Unido possuía uma geladeira; na década de 1970, praticamente todo mundo tinha uma. Foi realmente um milagre. Passamos de uma nação que usava despensas e caixas de gelo para um lugar onde todo mundo tinha os meios para resfriar e armazenar comida e bebidas. Isso tornou a distribuição de alimentos frescos muito mais eficiente, diminuindo o desperdício de peixes, laticínios, carne e vegetais e assim tornando os alimentos mais baratos. Foi uma verdadeira revolução na refrigeração, tudo graças aos aparentemente inócuos CFCs.

Senti a necessidade de um pouco de refrigeração, sentado no avião abafado. Mexi na saída de ar sobre meu assento para tentar respirar um pouco mais. Estava travada e precisei me levantar para conseguir segurar melhor. Finalmente consegui abrir e um vendaval de ar gelado me atingiu. Devo ter desalojado um pouco de poeira do assento porque, quando me sentei novamente, dei um alto espirro. Foi um daqueles espirros repentinos e irreprimíveis dos quais não se pode escapar, mas foi uma séria violação da etiqueta aeronáutica, ainda mais porque não consegui abafar o espirro com o braço. A mulher na minha frente se virou e olhou para mim através da fenda entre os assentos, registrando sua desaprovação. Um homem de pé no corredor me lançou um olhar de ódio desenfreado. Meus companheiros de viagem, sem dúvida, supunham que eu estivesse gripado, ou algo ainda pior, e que embarcara imprudentemente no avião com isso, sem dúvida ignorando o conselho do meu médico de não viajar. Este é um crime que todos já cometemos em algum momento, suponho, e é um fato que os vírus se espalham rápido em aviões porque todos estão abarrotados em um espaço relativamente pequeno. Eu me senti mal. E, para piorar as coisas, o espirro tinha sido um pouco molhado e era possível que as pessoas sentadas à minha frente tivessem sentido uma ou duas gotas. Susan tinha mais motivos para se sentir ofendida, mas não disse nada, aparentemente colada ao livro. Eu queria pedir desculpas, explicar a todos que o espirro havia sido causado pela poeira provavelmente desalojada no ar quando me sentei, mas não sabia por onde começar. Então, em vez disso, peguei meu lenço e limpei meu nariz e a capa de assento de vinil na minha frente.

Os sistemas de ar-condicionado são essencialmente geladeiras para o ar. Em seu carro, por exemplo, o sistema de ar-condicionado passa o ar por tubos de cobre contendo refrigerante, que esfria o ar. O ar frio não pode manter uma alta concentração de água, e é por isso que gotículas se formam nos ares-condicionados (o mesmo motivo por que as nuvens se formam quando o ar sobe e se torna mais frio). Portanto, um subproduto do ar-condicionado é que ele desumidifica o ar. Em países quentes e úmidos, ele é muitas vezes a única maneira de tornar as viagens de carro, ônibus ou trem toleráveis. Mas também consome uma enorme quantidade de energia. Em Cingapura, por exemplo, o resfriamento responde por cerca de 50% do consumo de energia em residências e escritórios.

LÍQUIDO

Nos Estados Unidos, todo o setor de transportes, incluindo trens, aviões, navios, caminhões e carros, responde por 25% do uso de energia do país, enquanto o aquecimento e o resfriamento de edifícios com ar-condicionado é responsável por quase 40%.

E, assim como a parte de trás da sua geladeira esquenta por causa do resfriamento do interior, esfriar um veículo ou edifício libera o calor de volta ao ambiente, elevando a temperatura do ar externo. O efeito geral disso não é grande, exceto em cidades densas, onde o aumento da temperatura devido ao ar-condicionado é relevante. Cientistas da Universidade Estadual do Arizona mostraram que, apenas pelo ar-condicionado, as temperaturas médias noturnas aumentaram em mais de 1 °C nas áreas urbanas. Isso não parece muito, admito, mas lembre-se, um aumento de apenas 2 °C nas temperaturas médias globais vai provavelmente provocar mudanças climáticas severas.

Tornar o ar-condicionado mais eficiente no uso de energia é, portanto, um desafio global, ao qual, tenho orgulho de dizer, dei uma pequena contribuição. Para aumentar a eficiência dos sistemas de resfriamento, o calor precisa ser conduzido rapidamente através dos tubos de metal, e é por isso que usamos cobre para tubos de ar-condicionado. O cobre pode ser caro, mas é um bom condutor de calor. No entanto, em um dia muito quente em um escritório abafado, com temperaturas externas próximas aos 40 °C, até o tubo de cobre às vezes não é suficiente para manter a sala fresca. A maneira como o líquido refrigerante flui através dos tubos pode fazer a balança pender.

O fluxo uniforme, como a água que sai de um tubo, é previsível, mas sua velocidade é inconsistente no fluxo. Geralmente, a parte externa do fluxo, a parte mais próxima do tubo – também chamada de camada limite – é mais lenta do que a parte interna. Não há muita interação térmica entre essas duas camadas, o que diminui a velocidade na qual o calor é conduzido. O sistema de refrigeração é consideravelmente mais eficiente se você conseguir alcançar o que é conhecido como fluxo turbulento. Esse é um estado de fluxo caótico, no qual o líquido cai e cria vórtices, misturando tudo muito bem. Aumentar a pressão é uma maneira de obter turbulência (girar a torneira até o fim para que a água saia do cano caoticamente), mas isso consome muita energia. É melhor se você conseguir romper a camada limite, o que realizamos fazendo sulcos helicoidais dentro do tubo de cobre para que quebrem o fluxo uniforme misturando constantemente o líquido. Isso se tornou o meio preferido de obter um fluxo turbulento, que permite ao líquido de esfriamento extrair o calor de forma mais eficiente, aumentando radicalmente a eficiência do ar-condicionado sem qualquer gasto extra de energia. Genial, não?

Isso não foi invenção minha. Mas Einstein também não viu isso, então não me sinto tão mal.

Esse sistema de criar um fluxo turbulento foi inventado no século XX, numa época em que eu ainda estava aprendendo a soletrar e Einstein estava morto. Mas, quando fui para a escola, depois para a universidade e quando fiz meu doutorado, o estado do setor de ar-condicionado não tinha avançado além disso. A eficiência energética estava se tornando uma questão mais importante e havia muita pressão para reduzir os custos de fabricação do tubo de cobre helicoidal em espiral. Tanto é assim que, quando terminei meu doutorado em ligas de motores a jato, o professor Brian Derby, da Universidade de Oxford, me pediu para ajudá-lo a resolver o problema. Como esse problema não tinha nada a ver com as ligas dos motores a jato, eu não sabia, era compreensível, como proceder.

Tubos de cobre ranhurados são feitos por meio de um processo que é muito semelhante ao de apertar o tubo de pasta de dente

LÍQUIDO

– imagine que, em vez de pasta, há uma bala dentro do tubo, com um diâmetro que é um pouco maior que o bocal, de modo que ela não sai quando você aperta. Em vez disso, a bala é empurrada contra o bocal e o tubo flui em torno dele, o que estica o cobre. Mas, como há ranhuras helicoidais na bala, à medida que você aperta, a bala gira e marca suas ranhuras no interior do tubo de cobre. Magia! O único problema é que a bala teria que ser feita juntando vários componentes feitos de um material muito duro chamado carbeto de tungstênio e, dentro da enorme máquina de espremer o cobre, a pressão frequentemente era tão alta que os parafusos se soltavam, a bala caía e a coisa toda acabava em uma grande confusão e custava milhões de libras para resolver.

Milagrosamente, encontramos um líquido que resolvia o problema. Determinamos que poderíamos unir as duas metades da bala de carbeto de tungstênio transformando o interior do material em líquido e mantendo o restante do material sólido. É um tipo de solda muito precisa. E, como com muitas descobertas, quando você sabe o truque, é fácil de fazer. Nós apenas tivemos que comprimir as duas partes juntas e colocá-las em um forno de alta temperatura. Isso fazia com que o líquido se formasse *dentro* do material, fluísse entre as duas peças e depois as unisse. Depois que tudo se acalmava, você terminava com uma única peça de carbeto de tungstênio. Mas isso não significava que as balas se manteriam juntas durante o uso. Então fiquei muito nervoso quando viajei para uma enorme fábrica de tubos de cobre em St. Louis, nos Estados Unidos, para ver o primeiro teste da minha bala de carbeto de tungstênio, sabendo que, se ela quebrasse, o teste custaria à empresa dezenas de milhares de dólares. Tenho orgulho de dizer, no entanto, que a ligação em fase líquida funcionou e solicitamos uma patente europeia, *Method of liquid phase bonding* (WO1999015294 A1).

196

Encontrar maneiras de esfriar com mais eficiência é bom, mas havia problemas maiores aparecendo. Muito trabalho havia sido feito para tornar os sistemas de resfriamento melhores, mas ninguém tinha pensado no que aconteceria quando as geladeiras e os ares-condicionados parassem de funcionar. Eles iriam para o lixo, onde os valiosos metais eram recuperados – o aço da estrutura da geladeira e os tubos de cobre. Ninguém recolhia os CFCs, eles evaporavam rapidamente assim que os tubos de cobre eram cortados, resfriando-os uma última vez, enquanto o líquido evaporava no ar. Ninguém estava preocupado com eles. Os CFCs já estavam sendo usados como propelentes em latas de spray de cabelo e outros itens descartáveis: eram supostamente inertes, então que mal poderiam fazer? Todos assumiam que quando se tornavam gás, eram dispersados pelo vento. E foi exatamente o que aconteceu. Mas, ao longo de décadas, os gases encontraram o caminho até a estratosfera, onde começaram a ser separados, pela luz ultravioleta do sol, em moléculas que poderiam nos causar muitos danos.

O sol emite luz que podemos ver e luz que não podemos ver – que é o caso da luz ultravioleta. É a luz que nos bronzeia, e como é tão cheia de energia, pode nos queimar e realmente o faz: a exposição prolongada é capaz de danificar seu DNA e, eventualmente, causar câncer. É por isso que usar protetor solar é essencial: o trabalho desse líquido é absorver a luz ultravioleta antes que ela atinja sua pele. Mas há outra barreira entre você e a luz ultravioleta que é muito mais eficiente – a camada de ozônio. O ozônio é como um protetor solar para o planeta e, assim como o creme, não dá para vê-lo depois de aplicado. Na verdade, nosso avião estava voando pela camada de ozônio, mas, olhando pela janela, você não teria como saber.

O ozônio está relacionado ao oxigênio. O oxigênio que respiramos é uma molécula composta de dois átomos de oxigênio ligados

LÍQUIDO

entre si (O_2), o ozônio é uma molécula composta de três átomos de oxigênio ligados entre si (O_3). Não é muito estável e, sendo altamente reativo, não permanece junto por muito tempo. O ozônio também tem cheiro, que às vezes pode ser detectado durante a produção de faíscas – parte do O_2 no ar é transformado em O_3 quando encontra a alta energia da faísca, e a reação resultante produz um cheiro estranho e pungente. Mas, enquanto não há muito ozônio no ar que respiramos em *terra firme*, na estratosfera há ozônio suficiente para formar uma camada protetora que absorve a luz ultravioleta do sol. Quando as moléculas de CFC chegam à camada de ozônio, elas se dividem depois de interagir com os raios de luz de alta energia emitidos pelo sol. Isso cria moléculas altamente reativas chamadas radicais livres, que então reagem com o ozônio e diminuem sua concentração, esgotando assim a nossa camada.

Na década de 1980, cientistas que estudam a atmosfera começaram a perceber que o efeito dos CFCs em nossa camada de ozônio era significativo e tinha enormes consequências. Em 1985, cientistas da British Antarctic Survey relataram que havia um buraco na camada de ozônio, medindo 20 milhões de quilômetros quadrados, acima da Antártida, e não muito tempo depois foi determinado que, em todo o globo, a espessura da camada de ozônio estava diminuindo. Os CFCs são, em geral, culpados por isso, e assim uma proibição internacional, chamada Protocolo de Montreal, foi implementada e entrou em vigor em 1989. Então CFCs em refrigeração foram proibidos, assim como seu uso em lavagem a seco, onde eram usados no lugar da água para limpar roupas. Mas, apesar da rápida resposta da comunidade global, ainda existem CFCs em circulação, e outros buracos se abriram na camada de ozônio. Em 2006, um buraco de 2,5 milhões de quilômetros quadrados foi encontrado sobre o Tibete e, em 2011, houve uma perda recorde de ozônio sobre o Ártico, o que sugere que não poderemos recuperar todos esses danos antes do final do século XXI.

Mas, nos dias do auge do CFC, os químicos passaram muito tempo explorando as propriedades das moléculas baseadas em carbono e flúor. Eles descobriram uma incrível família de moléculas chamadas perfluorcarbonos, ou PFCs. Ao contrário dos CFCs, os PFCs não contêm cloro – são líquidos feitos inteiramente de átomos de carbono e flúor. Os PFCs mais simples lembram hidrocarbonetos, nos quais todos os átomos de hidrogênio foram substituídos por átomos de flúor.

A estrutura molecular de uma molécula de perfluorcarbono.

As conexões de flúor são extremamente fortes, então elas também são muito estáveis, tornando os PFCs bastante inertes. Você pode enfiar praticamente tudo que quiser neles com impunidade, até mesmo seu celular, que continuará a funcionar como se nada tivesse acontecido. Você poderia colocar seu laptop em um balde de PFC – e isso é feito, porque o líquido os resfria durante a operação de forma mais eficiente que suas ventoinhas internas, permitindo que os computadores operem em velocidades muito maiores. Ainda mais milagroso que isso é o fato de que os PFCs são capazes de absorver alta concentração de oxigênio – até 20% de seu volume –, o que significa que podem agir como sangue artificial.

Os substitutos do sangue têm uma longa história. A perda de sangue é uma das principais causas de morte e a única maneira de

LÍQUIDO

colocar mais sangue nas pessoas é uma transfusão. Mas, para uma transfusão ser bem-sucedida, não podemos usar apenas sangue. O sangue humano não é todo do mesmo tipo, e a transferência de sangue de uma pessoa para outra só é bem-sucedida se o seu tipo sanguíneo coincidir. Um cientista chamado Karl Landsteiner descobriu os tipos sanguíneos no começo do século XX e classificou-os como A, B, O e AB. Em 1930, ele ganhou o Prêmio Nobel por essa descoberta e, uma década depois, a enorme contagem de baixas da Segunda Guerra Mundial levou à criação dos primeiros bancos de sangue do mundo.

Mas, devido aos desafios de combinar o sangue doado com o dos pacientes, os cientistas foram atrás de um sangue sintético confiável, o que eliminaria a necessidade de combinar os tipos sanguíneos e parte da pressão sobre os bancos de sangue. Em 1854, alguns médicos usaram leite, com certo grau de sucesso, mas isso nunca foi aceito pela comunidade médica em geral. Algumas pessoas também tentaram usar plasma sanguíneo extraído de animais, mas isso foi considerado tóxico. Em 1883, uma substância chamada solução de Ringer foi desenvolvida, uma solução de sais de sódio, potássio e cálcio que ainda hoje é usada, mas para expandir o volume de sangue, e não como um verdadeiro substituto.

Foi só quando chegaram os PFCs, porém, que as pessoas realmente começaram a acreditar que um sangue artificial viável poderia ser criado. Em 1966, Leland C. Clark Jr. e Frank Gollan, dois cientistas médicos dos Estados Unidos, começaram a estudar o que aconteceria com ratos se inalassem PFC líquido. Descobriram que os ratos ainda eram capazes de respirar, mesmo quando totalmente submersos em uma banheira de PFC líquido, e depois foram capazes de respirar ar novamente quando removidos da banheira – efetivamente passando de uma existência semelhante à de um peixe, em que obtinham o oxigênio do PFC líquido, de

200

volta à de um mamífero, na qual obtinham seu oxigênio do ar. Essa chamada "respiração líquida" parece funcionar não apenas porque seus pulmões conseguem obter o oxigênio dissolvido no PFC, mas também porque o líquido pode absorver todo o dióxido de carbono que os camundongos exalam. Outros estudos mostraram que camundongos podem respirar através do líquido por horas; e a pesquisa continua, com o objetivo final de descobrir como os seres humanos poderiam respirar através do líquido. Na década de 1990, os primeiros testes com humanos foram realizados. Foi pedido que pacientes com problemas pulmonares respirassem líquido, usando PFCs carregados com medicamentos para os pulmões. A terapia parece funcionar, mas, no momento, ainda tem efeitos colaterais.

Ninguém sabe ao certo a que ponto essa estranha tecnologia pode levar, mas, se os PFCs se tornarem predominantes de uma forma ou de outra, precisaremos descobrir seu impacto ambiental potencial. O mundo conseguiu evitar a perda catastrófica da camada de ozônio banindo o CFC líquido e substituindo-o por fluidos menos prejudiciais ao ambiente – atualmente, o refrigerante em sua geladeira provavelmente é butano. É um líquido altamente inflamável e, se vazar da parte traseira do aparelho, pode ser perigoso, mas ainda é mais seguro que os líquidos usados na época de Einstein, e é uma aposta melhor para o planeta. Nossa camada protetora de ozônio é muito preciosa para ser destruída por CFCs.

Apesar de o risco de usar butano ser pequeno o suficiente para as geladeiras, ainda é grande demais para os engenheiros de aeronaves. Atualmente, os refrigerantes líquidos não são usados em sistemas de ar-condicionado de aeronaves. Em vez disso, o ar é sugado de fora do avião, e por meio de uma série de ciclos de compressão e expansão é usado para resfriar o interior – está muito frio lá fora, afinal. A desvantagem disso, porém, é que, quando o avião está no asfalto, o ar-condicionado não funciona muito bem porque

LÍQUIDO

o ar no solo é mais quente. É por isso que, além do prazer geral de ficar sentado em um voo atrasado, quando você está preso em um avião na pista, esperando para decolar, o ar pode ser sufocante.

O sistema de ar-condicionado de um avião faz mais do que apenas regular temperatura e umidade; também é ajustado para equilibrar a pressão do ar dentro da cabine. A 40 mil pés, o ar do lado de fora não tem oxigênio suficiente para as pessoas respirarem facilmente – na verdade, é impossível respirar. Portanto, a pressão do ar dentro da cabine precisa ser muito maior que a do lado de fora. Isso coloca a fuselagem essencialmente no mesmo estado de tensão que um balão, fazendo com que a aeronave ganhe volume, o que pode gerar rachaduras. Então, para minimizar as chances de sua formação, o sistema de ar-condicionado cria um equilíbrio: a pressão é alta o suficiente para permitir que as pessoas respirem normalmente, mas não tão alta que exista uma pressão indevida sobre a fuselagem. À medida que o avião desce, os sistemas de ar-condicionado bombeiam mais ar para dentro da cabine para equilibrá-la com os níveis de pressão no solo, e é por isso que seus ouvidos entopem.

Aviões não transportam oxigênio líquido a bordo para emergências. Em caso de perda de pressão da cabine, as máscaras que caem do compartimento suspenso fornecerão oxigênio feito por um gerador químico de oxigênio – ele cria gás oxigênio por meio de uma reação química, permitindo que seja muito compacto e leve, características essenciais para qualquer coisa transportada a bordo de um avião. Nunca estive em um voo que precisou usar as máscaras de oxigênio e fico fascinado em ver como esses sistemas estão bem escondidos. Estava inspecionando os compartimentos superiores, tentando descobrir como funcionam, quando o comissário de bordo veio na minha direção com alguma urgência. Ele me entregou um cartão. No começo, fiquei intrigado, mas depois

202

percebi que devíamos estar nos aproximando de San Francisco. Era hora de preencher meu formulário de declaração alfandegária. Para isso, eu precisaria de outro líquido – tinta.

10. Indelével

Abri a mesinha e coloquei o cartão sobre ela. Precisava de uma caneta. Eu tinha uma? Não conseguia lembrar. Verifiquei os bolsos da minha jaqueta. Nada. Minha mochila estava debaixo dos meus pés, mas eu não conseguia me curvar o suficiente para vasculhar por causa da mesinha. Tentei mesmo assim, pressionando meu rosto sobre a mesinha enquanto pegava minha mochila embaixo. Foi estranho. Eu sabia que deveria ter levantado a mesinha, mas por alguma razão inexplicável, não fiz isso. Consegui colocar as duas mãos na minha bagagem e estava explorando o mundo invisível da minha mochila. Pelo tato, identifiquei meu celular, o adaptador do meu laptop e algumas meias. Como meu rosto estava virado para Susan, acabei fazendo uma careta para ela. Seus olhos se voltaram para mim e pareciam registrar exasperação, como se eu fosse uma criança pequena à procura de atenção. Então achei o que procurava. No fundo da minha bolsa encontrei algo que parecia cilíndrico, como uma caneta. Como um mergulhador de pérolas voltando para a superfície, levantei minha cabeça e tirei o objeto dos recessos profundos da minha mochila. Era de fato uma

LÍQUIDO

caneta, apesar de eu não lembrar de carregá-la na mochila, nem de a possuir ou de tê-la comprado, para dizer a verdade. Tinha ficado lá, escondida no meio dos detritos da minha vida, ignorada entre as moedas e os invólucros de chocolate que se acumulam com o tempo sem que eu pensasse que precisaria dela. Era uma caneta esferográfica.

A esferográfica é a essência do que é ser caneta: não tem o *status* social da caneta-tinteiro, nem a sofisticação de uma caneta hidrográfica, mas funciona na maioria dos papéis e faz o trabalho que você precisa. Raramente vaza, estragando suas roupas, pode permanecer sem ser usada no fundo de sua mochila por meses e ainda vai funcionar na primeira vez que você tentar usá-la. Faz tudo isso e ainda custa tão pouco que sempre a mandamos embora sem pensar. Na verdade, a maioria das pessoas considera as esferográficas propriedade comum: se você der a alguém uma esferográfica para assinar um formulário e a pessoa se esquecer de devolvê-la, você não a chamará de ladra, provavelmente nem se lembrará onde conseguiu aquela caneta – a chance de que você a tenha tirado de outra pessoa é bem alta. Mas se você acha que o sucesso das canetas esferográficas é a simplicidade, está errado. Isso não poderia estar mais longe da verdade.

Obviamente, o que você precisa ter em uma caneta é a tinta. A tinta é um líquido projetado para fazer duas coisas: primeiro, fluir para a página e, depois, transformar-se em sólido. Fluir não é difícil; é o que os líquidos fazem. E se transformar em sólido é algo que eles também costumam fazer. Mas fazer as duas coisas na ordem certa, de forma confiável e em um prazo muito rápido para que não borre e se torne ilegível é muito mais complicado do que parece.

Historiadores acreditam que os antigos egípcios tenham sido os primeiros a usar uma caneta, por volta de 3000 a.C. Eles usavam canetas de bambu ou outra planta parecida, com brotos duros e ocos. Ao secar os brotos e moldar sua extremidade com uma ferramenta de corte, criando uma ponta fina, tinham um bom veículo para a tinta. Os brotos deviam ter o tamanho certo para a caneta funcionar: se o diâmetro do tubo fosse estreito o suficiente, a tensão superficial entre a tinta e a superfície do bambu diminuiria a força da gravidade e manteria uma pequena quantidade de tinta no lugar. Quando o bambu entrava em contato com o papiro, que os egípcios usavam como papel, a tinta era sugada pelas fibras do papiro pela ação capilar – a mesma força responsável por acender as velas e as lamparinas a óleo. Quando as fibras secas absorviam a água da tinta, os pigmentos aderiam à superfície e, assim que a água evaporasse completamente, as marcas de tinta se fixariam permanentemente no papiro.

Os egípcios faziam tinta preta combinando a fuligem das lâmpadas de óleo com a goma da acácia, que funcionava como aglutinante. Como a resina que colava o compensado, os egípcios usavam goma de acácia como cola para unir o carbono negro da fuligem às fibras de papiro. E como o carbono é hidrofóbico, portanto não se mistura com água, a goma de acácia também permite que o carbono seja incorporado à água, criando uma tinta macia, preta e de fluxo livre. A goma arábica, como é chamada, ainda é usada hoje, você pode comprá-la na maioria das lojas de materiais artísticos. As proteínas na goma permitem que ela se ligue a muitos pigmentos diferentes, podendo ser usada para fazer todos os tipos de agentes de coloração – aquarelas, corantes e tintas, para citar alguns. Mas os egípcios usavam carbono, e isso, como se viu, foi uma boa escolha. Tintas à base de carbono são fáceis de fazer e muito pouco reativas; é por isso que temos documentos egípcios que remontam a milhares de anos, preservados para nós pela permanência química da tinta preta de carbono.

LÍQUIDO

Questão resolvida, você pode estar pensando. Mas a tinta de carbono não é perfeita. Não seria boa para preencher formulários alfandegários, por exemplo, porque, sendo à base de água, não seca rápido e, portanto, é fácil borrar. E quando seca, o pigmento fuliginoso não fica bem preso à superfície de escrita pela goma – então dá para apagá-lo mecanicamente. Talvez você não se importe, mas outros se importaram, e então começaram centenas de anos de experimentação na esperança de produzir algo melhor.

Um fragmento do papiro do Livro dos Mortos do Ourives Amon, Sobekmose *(1500-1480 a.C.).*

Por fim, encontraram tinta ferrogálica: a tinta usada pelos cristãos para escrever a Bíblia, a tinta que os muçulmanos usaram para escrever o Alcorão, a tinta usada por Shakespeare para escrever suas peças, a tinta que todos os legisladores usaram para escrever seus Atos do Parlamento. A tinta ferrogálica é tão boa que era de uso comum até o século XX.

Você a cria colocando um prego de ferro em uma garrafa com um pouco de vinagre. O vinagre corrói o ferro e deixa uma solução vermelha/marrom, cheia de átomos de ferro carregados. É aqui que entram as galhas. As galhas, também conhecidas como maçãs de carvalho, são estruturas que às vezes aparecem em carvalhos. São criadas quando as vespas colocam seus ovos em um broto de carvalho. Quando este se desenvolve, as vespas manipulam o maquinário molecular do broto para criar alimento para suas larvas. Isso é ruim para a árvore, mas é bom para a literatura porque produz galhas de carvalho, com sua alta concentração de taninos, o que levou a uma revolucionária inovação na tinta.

Os taninos são muito comuns no mundo das plantas; fazem parte do seu sistema de defesa química e, ainda assim, de alguma forma, desenvolvemos um gosto por eles – pode ser que você se lembre: são os taninos do chá e do vinho tinto que dão a eles adstringência característica. Os taninos são moléculas coloridas que se ligam quimicamente às proteínas com facilidade – e, portanto, são capazes de dar cor por meio da ligação a coisas feitas de proteínas. Tradicionalmente são usados para manchar o couro, que tem uma alta porcentagem de colágeno de proteína. Também são grande parte do motivo pelo qual o vinho tinto e o chá podem deixar manchas tão ruins em suas roupas e em seus dentes. Assim, seu uso em tintas talvez não seja tão surpreendente, sendo a tinta, essencialmente, uma mancha intencional. Mas é difícil criar um líquido com alta concentração de taninos – é aí que entra a solução de ferro/vinagre. Ela reage com o ácido tânico das galhas e produz uma substância chamada tanato de ferro, que é altamente solúvel em água e muito fluida. Quando o tanato de ferro entra em contato com as fibras do papel, flui pela ação capilar para todas as pequenas fendas do papel, distribuindo-se uniformemente. E quando a água evapora, os tanatos são depositados dentro do papel, deixando uma marca azul/preta duradoura. Sua permanência é a grande vantagem sobre as tintas de carbono: porque o pigmento não está preso à superfície do papel, está dentro dele, e não pode ser removido esfregando ou lavando.

LÍQUIDO

Naturalmente, a própria indelebilidade da tinta ferrogálica também representava uma de suas desvantagens para quem escrevia com ela. A esferográfica que eu estava usando no voo para preencher o formulário da alfândega não exigia que eu mergulhasse a ponta da caneta em um reservatório de tinta, de modo que não havia nenhuma tinta no exterior. As pontas dos meus dedos ainda estavam tão limpas como quando eu as lavei com o sabonete líquido. Mas, na maior parte da história da escrita, não foi assim. A tinta chegava a todos os lugares, especialmente às mãos dos escritores e, sendo a tinta ferrogálica muito permanente, não saía com facilidade – mesmo lavando com sabão. As pessoas se queixavam e, ironicamente, algumas dessas queixas foram escritas com tinta ferrogálica. No século X, o califa de Magrebe (hoje a região do noroeste da África que engloba a Argélia, a Líbia, o Marrocos e a Tunísia) já estava cansado disso e exigiu uma solução de seus engenheiros. No devido tempo, no ano de 974, foi apresentada a ele a primeira ocorrência registrada da caneta-tinteiro. Essa caneta tinha seu próprio reservatório de tinta e, aparentemente, não vazava, mesmo quando estava de cabeça para baixo – tenho que dizer, no entanto, que isso parece improvável, não porque os engenheiros da época não fossem engenhosos, mas porque a caneta-tinteiro foi reinventada muitas vezes nos séculos posteriores, e foi só depois de muitas iterações que um mecanismo confiável de caneta-tinteiro foi criado, no final do século XIX. Leonardo da Vinci tentou no século XVI e há alguma evidência de que ele foi capaz de fazer uma caneta que escrevia com contraste contínuo, enquanto a tinta de canetas de pena, que eram de uso comum na época, tendia a aparecer e desaparecer. E certamente existiam canetas-tinteiro no século XVII, quando Samuel Pepys as mencionou em seu diário, contente por poder carregar uma caneta sem precisar levar um pote de tinta. Mas aquelas canetas-tinteiro não eram perfeitas, ele ainda preferia usar uma caneta de pena e, sim, tinta ferrogálica.

O século XIX viu uma grande onda de patentes de caneta-tinteiro. Apesar de todas usarem tinta de fluxo livre, ninguém tinha ainda concebido um meio de controlar o fluxo, de modo que a tinta não saísse toda de uma vez, criando um enorme borrão na página. Eles não podiam simplesmente fazer uma abertura muito pequena no reservatório de tinta: um pequeno orifício impedia que a tinta saísse e, com um orifício de tamanho médio, a tinta escorria esporadicamente para a página. A razão para esse comportamento, que os inventores da caneta-tinteiro estavam lentamente começando a entender, era a influência do ar e a formação de vácuo dentro dos reservatórios de tinta.

Quando você tenta derramar líquido de um recipiente, precisa substituí-lo por algo; caso contrário, um vácuo se formará dentro do recipiente, evitando que mais líquido flua para fora. Você notará isso se tentar beber de uma garrafa enquanto cobre toda a abertura com a boca: o líquido sai em forma de jatos enquanto o ar luta para entrar e substituir o líquido que você está bebendo. Cada jato corresponde ao ar forçando seu caminho para dentro da garrafa, e, ao fazê-lo, o ar evita que o líquido saia. Eles se alternam – líquido para fora, ar para dentro, líquido para fora, ar para dentro, glub, glub, glub. Se você deixar a boca da garrafa parcialmente aberta enquanto bebe, poderá beber continuamente, sem jatos, porque o ar pode fluir mais suavemente. É por isso que é mais fácil beber de recipientes largos, como xícaras e copos.

Mas as primeiras canetas-tinteiro não tinham nenhum mecanismo para colocar ar no reservatório de tinta, por isso era difícil obter um fluxo consistente de líquido na página. Fazer um buraco no topo do reservatório parece ser a solução óbvia, mas se você virar a caneta de cabeça para baixo, ela vazará por toda parte. O problema deixou todos bastante desorientados até 1884, quando um inventor norte-americano chamado Lewis Waterman aperfeiçoou

LÍQUIDO

o projeto com uma ponta de metal que permitia que a tinta fluís-se por uma combinação de gravidade e ação capilar, enquanto o ar que entrava passava na direção oposta para o reservatório. Seu design trouxe uma era de ouro para as canetas-tinteiro, o celular de sua época, transformando a maneira como as pessoas se comunicavam e fazendo das canetas algo muito cobiçado. Ter uma caneta-tinteiro significava que você era importante – era alguém que precisava ser capaz de escrever em qualquer lugar, a qualquer hora. Assim como os primeiros celulares, ou os primeiros laptops, ou qualquer aparelho que tenha surgido desde então: era o máximo.

Mas, inevitavelmente, houve outro problema. As tintas ferrogálicas costumavam ser muito ácidas, por isso corroíam as novas pontas de caneta de metal. Também continham pequenas partículas de matéria que ficavam visíveis na tinta quando você escrevia na página ou entupiam a ponta, impedindo que a tinta saísse. As pessoas sacudiam as canetas com raiva, tentando desalojar qualquer objeto invisível que estivesse impedindo que escrevessem, mas, no processo, jogavam tinta nos cafés ou na roupa de transeuntes desavisados. A caneta-tinteiro tinha sido aperfeiçoada – a tinta não. Era hora de substituir a tinta ferrogálica.

Mas esse era um problema complexo. A química particular de uma tinta e sua capacidade de fluir dentro da caneta, mas não a danificar, sua reação ao papel, sua capacidade de criar uma marca permanente, mas também de secar rapidamente, tudo isso tinha que ser considerado ao mesmo tempo – para usar o jargão da engenharia, era um problema de otimização múltipla. Em última análise, havia muitas soluções, e cada fabricante de canetas incorporou uma diferente em seu design, e é por isso que, se você comprar uma caneta-tinteiro, o fabricante insistirá que você use suas tintas especialmente formuladas. A empresa Parker Pen, por exemplo, desenvolveu a tinta Quink em 1928 para combater o problema dos borrões. Eles combinaram corantes sintéticos com álcool para criar uma tinta que fluía bem na caneta, mas depois secava rapidamente quando entrava em contato com o papel. Mas ela também atacava quimicamente alguns dos plásticos que começaram a ser usados para fazer as canetas, como o celuloide. Também não era resistente à água; portanto, se o papel se molhasse, a tinta voltava a fluir, muitas vezes separando os corantes individuais usados para compor a tinta – o preto se separava do amarelo e do azul, por exemplo –, em última análise, tornando a escrita ininteligível.

Apesar de todos os problemas, a maioria dos fabricantes de canetas estava convencida de que as canetas-tinteiro eram o futuro e de que otimizar a tinta era a resposta para um instrumento de escrita portátil confiável. Mas o inventor húngaro László Bíró teve uma ideia completamente diferente. Ele virou o problema de otimização em sua cabeça. Antes de se tornar inventor, tinha trabalhado como jornalista e notou que as tintas usadas pelos impressores de jornais eram excelentes – secavam muito rápido e raramente manchavam ou formavam borrões. Mas eram muito viscosas para uma caneta-tinteiro; não fluíam e eram grossas para a caneta. Foi então que ele pensou: em vez de trocar a tinta, por que não redesenhar a caneta?

Os artigos de jornal de László Bíró saíam de uma prensa feita de um conjunto de rolos que imprimiam tinta em uma folha contínua de papel. Para que os milhões de jornais necessários para atender à demanda em todo o país estivessem prontos para a entrega no dia seguinte, eles precisavam ser impressos muito rapidamente. As páginas passavam pela prensa a uma taxa de milhares por hora, por isso era imperativo que as tintas secassem imediatamente, caso contrário borrariam quando as páginas fossem reunidas em um jornal. Para atender a essa necessidade, a tinta de impressão que László tanto admirava foi inventada. Enquanto László considerava

LÍQUIDO

como fazer uma caneta melhor, pensou em maneiras de recriar o processo de impressão em uma escala muito menor. Ele precisaria de algum tipo de cilindro que poderia continuamente molhar com tinta a ponta da caneta. No final, teve a ideia de usar uma pequena bola. Mas como colocar a tinta na bola para que ela pudesse ser usada para rolar a tinta para a página? Ele assumiu que as tintas da prensa seriam muito grossas para que a gravidade as puxasse do reservatório da caneta para a bola. Mas um estranho pedaço da física veio em seu socorro – o fluxo não newtoniano.

Existe uma relação entre a velocidade do fluxo de um líquido e a força que é exercida sobre ele – o que chamamos de viscosidade. Assim, líquidos espessos como o mel têm uma alta viscosidade e fluem lentamente, enquanto líquidos fluidos como a água têm baixa viscosidade e fluem rapidamente sob a mesma força. Para a maioria dos líquidos, se você aumentar a força que estiver aplicando sobre eles, a viscosidade permanecerá a mesma. Isso se chama fluxo newtoniano.

Mas alguns líquidos são estranhos; eles não seguem as regras do fluxo newtoniano. Por exemplo, se você misturar amido de milho com um pouco de água fria, formará um líquido que é aquoso quando você o mexe suavemente, mas se tentar mexer depressa, o líquido ficará muito viscoso, a ponto de se comportar como um sólido. Você pode perfurar sua superfície e ele não vai espirrar, mas resistir ao seu punho como um sólido. Isso é o que chamamos de comportamento não newtoniano – o líquido não tem uma viscosidade que determine seu fluxo.

Esse líquido de farinha de milho às vezes é chamado de *oobleck* (o nome vem de um livro do Dr. Seuss chamado *Bartholomew and the Oobleck*). O comportamento não newtoniano do oobleck é inteiramente devido à sua estrutura interna. Em um nível microscópico, o oobleck é cheio de minúsculas partículas de amido, onde a farinha de milho está suspensa muito densamente na água. Em baixas velocidades, as partículas de amido têm tempo suficiente para encontrar rotas para fluir em volta uma da outra – um pouco como passageiros saindo de um trem lotado. É quando elas fluem normalmente. Mas quando sob pressão para fluir rapidamente, como quando você está tentando mexer rapidamente o oobleck ou perfurar sua superfície, as partículas de amido não têm tempo suficiente para se mover ao redor umas das outras e então elas ficam paradas no lugar. E, assim como os passageiros na parte de trás de um trem não podem se mover se os da frente estão parados, o mesmo acontece quando algumas partículas de amido param, o que faz com que todo o líquido se torne cada vez mais viscoso.

O oobleck não é o único líquido não newtoniano. Se você já pintou uma parede com tinta de emulsão, deve ter notado que a tinta é extremamente grossa quando está na lata, quase como uma geleia. Mas, se seguir as instruções na lateral da lata e misturar bem a tinta, verá que, ao se mexer, a tinta fica fluida e depois volta a ser uma geleia quando você para. Esse também é um comportamento não newtoniano, mas aqui o líquido está se tornando mais aquoso como resultado da força exercida sobre ele, em vez de mais viscoso. Mais uma vez, a razão tem origem na estrutura interna do líquido. A tinta de emulsão é apenas água com pequenas gotículas de óleo presas em suspensão dentro dela. Quando se permite que as minúsculas gotículas de óleo assentem, elas são atraídas umas para as outras e formam minúsculas ligações, prendendo a água entre elas para formar uma estrutura fraca – uma geleia. Quando você agita a tinta, as ligações moleculares que seguram as minúsculas gotículas de óleo são quebradas, liberando a água e permitindo que a tinta flua. A mesma coisa acontece quando você coloca a tinta sob tensão, espalhando-a em uma parede com um pincel. Mas quando a tinta está na parede, e não mais sob tensão, as ligações entre as gotas de óleo se formam novamente e a tinta volta a ser viscosa, criando uma camada espessa que não goteja. Pelo menos é essa a teoria; obviamente, tudo se resume a se os químicos que formulam a tinta conseguem controlar bem as ligações entre as gotículas de óleo, seu tamanho e número. É preciso muito trabalho para obter o equilíbrio certo, e é por isso que vale a pena pagar para conseguir uma boa lata de tinta.

Mesmo se você não for pintor ou decorador, terá que lidar com líquidos não newtonianos na cozinha. Como a tinta de emulsão, o ketchup se dilui quando está sob tensão. Ele não vai se mover até você bater na garrafa, colocando o líquido sob pressão de cisalhamento suficiente para que de repente se afine e saia. Por isso é tão difícil controlar a quantidade de ketchup que sai da garrafa – se a força não for suficiente, ele vai fluir muito lentamente, mas quando você dá uma pancada forte, a viscosidade cai de repente e ele se espalha por todo seu prato.

Um dos tipos mais perigosos de comportamento não newtoniano ocorre quando você mistura areia e água, criando uma substância que é frequentemente chamada de areia movediça. A areia movediça tem propriedades semissólidas até ser colocada sob pressão, e então se dilui, transformando-se em um líquido fluido – a chamada liquefação. É por isso que, quando você pisa na areia movediça, quanto mais luta e se contorce para sair, mais o líquido se dilui e mais você afunda. Mas não importa o que vejamos nos filmes, muito provavelmente você não morrerá afundando na areia movediça, porque ela é um líquido com uma densidade maior do que o seu corpo – quando estiver submerso até a cintura, você vai flutuar de volta. Ainda assim, sair é muito difícil, pois, se você não se move, o líquido engrossa e solidifica ao seu redor, e se você se esforça, ele se afina, dificultando a obtenção de uma base sólida. Em outras palavras, você fica preso até ser resgatado – e é aí que a situação fica mortal.

Mais perigosa que areia movediça é a liquefação que ocorre durante os terremotos. Aqui, em outro exemplo mortal de fluxo não newtoniano, a tensão causada pelas vibrações do terremoto liquefaz o solo, geralmente causando danos massivos. Basta olhar para o terremoto de 2011 na Nova Zelândia: atingiu a cidade de Christchurch, causando significativa liquefação que destruiu edifícios e expeliu milhares de toneladas de areia e lodo sobre a cidade.

Como se viu, a diluição não newtoniana era exatamente a propriedade de que László Bíró precisava para fazer com que as grossas tintas de jornal funcionassem em uma caneta-tinteiro. Ele formulou a hipótese de que isso permitiria que a tinta fluísse facilmente enquanto estivéssemos escrevendo, mas, assim que a tinta estivesse na página, ela se tornaria espessa e viscosa novamente e secaria em um sólido tão rapidamente que não iria borrar. László começou a tentar fazer a caneta perfeita com seu irmão, que era químico, e depois de muita luta, inclusive tendo que emigrar para a Argentina no início da Segunda Guerra Mundial, eles finalmente conseguiram algo que funcionava. As canetas deles têm um reservatório de tinta que alimenta uma pequena esfera giratória; quando você escreve com a caneta, a esfera gira, colocando a tinta sob pressão suficiente para alterar sua viscosidade, de modo que ela flua para a esfera. Nesse ponto, a tinta volta a ser pegajosa e grudenta, até atingir o papel e sair da caneta. Quando você ergue a caneta, alivia a tinta da sua tensão, ela fica espessa novamente, e os solventes na tinta, que estão sendo expostos ao ar pela primeira vez, evaporam rapidamente, deixando os corantes da tinta no papel e criando uma marca permanente. Genial!

Como se poderia esperar, ao longo dos anos, os ingredientes para uma tinta de alto desempenho se tornaram segredos comerciais, mas, se você quiser ter uma noção se ela é realmente boa, escreva com uma caneta esferográfica em um pedaço de papel e,

LÍQUIDO

em seguida, tente borrar com o dedo. É realmente difícil. Mas essa não é a única vantagem que a tinta não newtoniana em canetas esferográficas tem sobre as tintas mais fluidas em canetas-tinteiro. Como ela não flui sob ação capilar, a tinta não escorre quando se infiltra no papel, como acontece com outras canetas. Ela foi quimicamente formulada para ter uma baixa tensão superficial quando entra em contato com fibras de celulose, assim como com os pós cerâmicos e plastificantes que são adicionados à superfície superior do papel para torná-lo brilhante (o chamado revestimento). As tintas de caneta-tinteiro e outras tintas fluidas possuem uma alta tensão superficial com o revestimento, de modo que a tinta permanece sobre elas e se fragmenta em pequenas gotas. Se você já tentou fazer anotações nas páginas de uma revista com papel brilhante ou tentou assinar a parte de trás de um cartão de crédito com uma caneta-tinteiro, deve ter notado isso – a tinta não gruda. Mas a tinta das canetas esferográficas parece secar em qualquer lugar e ficar exatamente onde você a colocou – mesmo que escreva de cabeça para baixo – porque não está fluindo graças à força da gravidade, mas sendo rolada para a página.

Se você tentar escrever de cabeça para baixo, descobrirá ainda outra vantagem da caneta esferográfica. Assim como a caneta-tinteiro, ela não vai funcionar se houver vácuo no reservatório de tinta. Mas existe uma maneira simples de impedir isso – a parte superior do reservatório está aberta, e a tinta é bastante viscosa e não flui sem experimentar muita tensão, por isso não cai. Legal, não? O resultado disso é que, felizmente para quem é esquecido, dá para deixar uma caneta esferográfica no fundo da sua mochila por meses a fio e ela não vai vazar e cobrir suas coisas com tinta. Mesmo se você se esquecer de colocar a tampa de volta e a esferográfica ficar sem proteção no bolso, a tinta não sairá.

Esse conceito é tão bom, e a caneta esferográfica é tão confiável na escrita mesmo quando fica sem tampa por meses, que os primeiros fabricantes perceberam que não precisavam realmente colocar tampa nas canetas. Por que não retrair o reservatório e a bola de volta para o corpo principal da caneta quando você não estiver usando? Isso é fácil de fazer, e assim a caneta esferográfica retrátil nasceu. Clique e pode escrever; clique novamente e a esferográfica se retrai. Ah, como o califa de Magrebe teria se alegrado com o fim da desordem e com o prazer para os ouvidos da caneta esferográfica retrátil!

Os irmãos Bíró produziram a primeira caneta esferográfica comercial depois de terem emigrado para a Argentina. Venderam toneladas delas, para muitos clientes, incluindo a Royal Air Force, para serem usados por seus navegadores, substituindo as canetas-tinteiro que estavam usando e que sempre vazavam em altas altitudes. Lembrando-me disso, olhei para a esferográfica que estava segurando com renovado respeito – pilotos e sua equipe estavam entre os primeiros a apreciar seu brilhantismo –, e fiquei feliz em preencher o formulário da alfândega naquela altitude, usando uma descendente daquelas primeiras esferográficas. De acordo com a maior fabricante de canetas esferográficas do mercado hoje, a francesa Bic, mais de 100 bilhões de canetas foram feitas desde sua invenção.

László Bíró morreu em 1985, mas seu legado continua vivo. Na Argentina, o Dia dos Inventores é comemorado todos os anos no aniversário de seu nascimento, 29 de setembro, e até hoje, no Reino Unido, chamamos as esferográficas de *biro*.

Claro, apesar de seu sucesso, muitas pessoas odeiam as esferográficas. Elas condenam sua invenção, dizendo que a arte da caligrafia foi corrompida. É verdade que o preço de uma caneta portátil, antimanchas, antivazamento, de longa duração, barata e socialmente inclusiva foi ter uma espessura de linha invariável. A espessura da linha é determinada pelo tamanho da bola na ponta e, como a tinta de uma esferográfica não flui quando está depositada no papel, a espessura de sua linha não muda se desacelerarmos ou apressarmos a escrita, como fariam a caneta-tinteiro ou outras canetas usando tinta newtoniana. Escrever com canetas esferográficas é mais utilitarista, expressando menos o estilo de escrita de um indivíduo. Mas, pessoalmente, acho que está no nível da bicicleta em termos de impacto na sociedade. É uma peça de engenharia líquida que resolveu um problema antigo, produziu algo totalmente confiável e está disponível a um preço tão acessível que a maioria das pessoas considera as canetas esferográficas como propriedade comum.

No momento em que terminei de preencher o formulário da alfândega, fiquei tão admirado com minha esferográfica que não pude simplesmente colocá-la de volta na bolsa e deixá-la ser ignorada por mais alguns meses. Enquanto tentava decidir o que fazer com ela, percebi que Susan estava olhando para mim – uma Susan diferente daquela com quem eu tinha compartilhado o voo; uma Susan sorridente. Ela tinha seu formulário de alfândega na frente dela e fez um sinal para mim, colocando o polegar e o indicador juntos – imitando o ato de escrever – e perguntando se poderia pegar minha esferográfica emprestada.

11. Nublado

"Bong", era o intercomunicador, e então o anúncio da cabine continuou: "Senhoras e senhores, começamos nossa descida em direção a San Francisco; então, por favor, certifiquem-se de que os encostos e as bandejas estejam na posição vertical, de que o cinto de segurança esteja afivelado e de que toda a bagagem de mão esteja guardada embaixo do assento à sua frente ou nos compartimentos superiores. Obrigado".

O avião estava descendo agora e meus ouvidos começavam a estalar. Tinha essa sensação de antecipação – de que minha vida iria recomeçar após a animação suspensa de uma viagem de avião. Essa viagem havia significado uma pausa na minha vida, em troca de um gostinho de onipotência. Aqui em cima, as nuvens não podiam chover sobre mim, não podiam apagar tiranicamente a luz do sol e influenciar meu humor como fazem em Londres. Aqui em cima, a luz entrava pela janela, aquecendo meu rosto com o brilho de um sol que nunca se pôs. Nunca, isto é, até que o avião de repente começou a descer para a camada de nuvens; então, não só o sol desapareceu, mas foi abruptamente substituído por uma

LÍQUIDO

névoa branca que arrancou de mim toda a sensação de onipotência e segurança: tudo branco!

A nuvem em que tínhamos entrado, como todas as nuvens, era composta de gotículas de água quase pura. O quase é interessante; é a razão pela qual a água da chuva não é pura, pela qual as janelas ficam manchadas pela chuva e a neblina se forma em alguns lugares e não em outros. A água nas nuvens não é nem pura nem inocente – pode matar. Noite e dia, em algum lugar do planeta, as tempestades de raios caem furiosas, a uma taxa global bastante constante de cinquenta raios por segundo. Estima-se que haja mais de mil mortes humanas por raios por ano, com os feridos chegando a dezenas de milhares. O Serviço Nacional de Meteorologia dos Estados Unidos mantém um registro das mortes e os detalhes das fatalidades. A seguir há uma tabela mostrando alguns dos registros de 2016. Você verá que se abrigar debaixo de uma árvore não é uma boa ideia, e esse perigo pode atingir praticamente qualquer lugar. Mas um raio pode atingi-lo em um avião? Essa é uma pergunta que vale a pena responder.

As nuvens surgem a partir da roupa lavada no varal, da poça na calçada, de um brilho de suor no seu lábio superior, de uma parte de um vasto oceano de água. A cada segundo, algumas moléculas de H_2O deixam a roupa úmida, as poças, os lábios superiores, os oceanos e outros corpos de água e viajam pelo ar. O ponto de ebulição da água é 100°C, indicado como a temperatura na qual o líquido puro se transforma em gás no nível do mar. Então, como a água líquida se transforma em gás sem atingir essa temperatura? Qual é a importância de definir pontos de ebulição se a água pode trapacear e secar a roupa e os lábios superiores, evaporar de poças e desnudar os oceanos de forma autônoma a temperaturas muito mais baixas?

DAY	STATE	CITY	AGE	SEX	LOCATION	ACTIVITY
Fri	LA	Larouse	28	F	In tent	Attending Music Festival
Fri	FL	Hobe Sound	41	M	Grassy Field	Family Picnic
Fri	FL	Boynton Beach	23	M	Near Tree	Working in yard
Wed	MS	Mantachie	37	M	Outside Barn	Riding Horse
Wed	LA	Slidell	36	M	Construction Site	Working
Mon	FL	Manatee County	47	M	Farm	Loading Truck
Fri	FL	Daytona Beach	33	M	Beach	Standing in water
Sat	MO	Festus	72	M	Yard	Standing with dog
Mon	MS	Lumberton	24	M	Yard	Standing
Sun	LA	Pineville	45	M	Parking Lot	Walking to car
Thu	TN	Dover	65	F	Under tree	Camping
Thu	LA	Baton Rouge	70	M	Sheltering under tree	Roofing
Thu	AL	Redstone Arsenal	19	M	Outside building	Outdoor maintenance
Thu	VA	Bedford County	23	M	Along roadway	Walking
Sat	NC	Yancey County	54	M	Putting on rain gear	Riding Motorcycle
Tue	CO	Arvada	23	M	Sheltering under tree	Golfing
Tue	AL	Lawrence County	20	M	In yard under tree	Watching Storm
Wed	AZ	Coconino County	17	M	Near mountain top	Hiking
Fri	UT	Flaming Gorge	14	F	On reservoir	Riding jetski

Uma tabela das mortes causadas por raios nos Estados Unidos, feita pelo Serviço Nacional de Meteorologia.

Neste ponto, vale a pena notar que as definições de sólidos, líquidos e gases não são tão nítidas quanto podem parecer, e que os jogos que os cientistas fazem, de categorizar o mundo e fazer distinções claras entre coisas diferentes, está sendo constantemente sabotado pela complexidade do universo. Para entender como a água engana o sistema para criar nuvens, temos que pensar em um conceito importante chamado entropia.

A água em suas roupas no varal está abaixo dos 100 °C, mas em contato com o ar. As moléculas no ar bombardeiam sua roupa, colidindo com ela enquanto se movem caoticamente. Algumas vezes, em toda essa desordem, uma molécula de H_2O pinga para fora e se torna parte do ar. É necessária alguma energia para fazer isso, já que as ligações que conectam as moléculas de H_2O às suas roupas molhadas devem ser quebradas. Tirar a energia das suas roupas faz com que sequem, mas também significa que, se a molécula de H_2O flutuando no ar colidisse novamente com a sua roupa, ela ganharia energia, voltando a aderir, tornando-a úmida outra vez. Então, em média, você poderia pensar que mais água voltaria para sua roupa do que seria levada pelas correntes de ar do vento. Mas é aqui que a entropia entra em jogo. Como a quantidade de ar ao redor da sua roupa é muito grande e o número de moléculas de água é muito baixo, as chances de uma molécula de água encontrar o caminho de volta para a roupa são pequenas. Em vez disso, é mais provável que seja levada para a atmosfera. Essa propensão do mundo das moléculas a se misturar e se espalhar é medida pela entropia do sistema. A entropia crescente é uma lei natural do universo e se opõe às forças de condensação que ligam a água de volta à sua roupa molhada. Quanto mais fria a temperatura e menos exposta estiver sua roupa ao vento, mais você inclinará a balança em favor da condensação, e sua roupa continuará úmida. Em contraste, ao pendurar sua roupa no varal em um dia quente, você inclina a balança a favor da entropia, e sua roupa seca.

A entropia também atua sobre poças na rua, seca seu banheiro depois de você usar o chuveiro e remove o suor do seu corpo em um dia quente. Levando tudo isso em conta, a entropia parece muito conveniente e geralmente é bastante útil, pois gostamos de ter roupas e banheiros secos e corpos frios. Mas essa mesma força benevolente também impulsiona as nuvens matadoras que nos atingem milhares de vezes por ano, lançando seus raios ao nosso redor, lembrando-nos quem é realmente o chefe em nossa atmosfera.

O processo de formação de nuvens tempestuosas começa com a H_2O vaporizada, que se move como um gás. O ar quente sobe porque é menos denso que o ar frio, então, em um dia ensolarado, as moléculas de água vão da sua roupa lavada para a atmosfera. O ar, embora cheio de água, é transparente, então primeiro não haverá sinal de nuvem. Mas, à medida que o vapor sobe, o ar se expande e se esfria, e o equilíbrio termodinâmico leva as moléculas de H_2O a preferirem se condensar e voltar a ser parte de um líquido. Mas uma única molécula não pode simplesmente voltar a ser líquido no meio do ar; formar uma pequena gotícula de água requer alguma coordenação – várias moléculas de H_2O precisam se unir para virar uma única gota. Na atmosfera caótica e turbulenta, isso não acontece com facilidade, mas o processo é acelerado pelos pequenos fragmentos de partículas de matéria que já estão no ar – geralmente pequenos pedaços de poeira que saíram de árvores e plantas ou fumaça das chaminés das fábricas. As moléculas de H_2O podem se juntar a estas, e quanto mais se unirem, mais a partícula torna-se o centro de uma pequena gota de água. É por isso que, quando você coleta a água da chuva, ela costuma conter sedimentos, e quando ela seca no para-brisa do carro ou nas janelas de sua casa, deixa um pó fino.

Essa parte da física estava no centro de um dos mais extraordinários experimentos do século XX – quando os cientistas assumiram o controle do tempo. O método foi chamado de semeadura de nuvens e foi inventado em 1946 por Vincent Schaefer, um cientista norte-americano. Schaefer e sua equipe determinaram que se você dispersasse cristais de iodeto de prata na atmosfera, eles agiriam como poeira ou fumaça e se transformariam nas gotículas de nucleação – as sementes – das nuvens, que, por sua vez, produziriam neve e chuva. A técnica é tanto uma arte quanto uma ciência, mas, apesar de muito usada há décadas, muitos contestam sua eficácia.

LÍQUIDO

Mesmo assim, a URSS semeou nuvens sobre Moscou todos os anos. O objetivo era limpar a umidade do ar criando chuva, garantindo que as celebrações do 1º de maio fossem acompanhadas por um céu azul. Os militares dos Estados Unidos empregaram a técnica para um objetivo diferente durante a Guerra do Vietnã – eles a usaram para aumentar a temporada de monções na trilha de Ho Chi Minh; isso foi chamado de Operação Popeye e sua missão era "fazer lama, não guerra". Hoje, países do mundo inteiro, como China, Índia, Austrália e Emirados Árabes Unidos, fazem experiências com a semeadura de nuvens como forma de combater as condições de seca. É claro que, semeando o ar, você controla apenas um aspecto do clima: a formação de nuvens. Portanto, se o teor de umidade do ar for baixo, nenhuma quantidade de nuvens fará chover. Mas, se o ar estiver cheio de água, usar essa técnica para aumentar a queda de neve nas estações de esqui ou reduzir o risco de danos causados por granizo nas plantações durante as tempestades pode ser produtivo. Depois do desastre nuclear de Tchernóbil, em 1986, a semeadura de nuvens foi usada para produzir chuva suficiente para remover partículas radioativas da atmosfera.

Os aviões não precisam usar o iodeto de prata para semear nuvens. Se você olhar para o céu em um dia ensolarado, é comum ver trilhas de condensação saindo da parte de trás de um avião a jato. Isso não é fumaça saindo de um motor com má manutenção, é uma nuvem semeada pelas emissões do motor. Pequenas partículas do processo de combustão são emitidas do avião, junto com uma enorme quantidade de gás muito quente. O gás empurra o avião para a frente, e, embora se possa esperar que esteja muito quente para a formação de água, em altitudes elevadas a temperatura é tão baixa que o escape é rapidamente resfriado. As partículas de emissão tornam-se locais de nucleação para a formação de gotículas líquidas, que então congelam, primeiro se transformando em água, depois em pequenos cristais de gelo. As trilhas de condensação são apenas nuvens cirros altas e finas.

Dependendo das condições do ar, as trilhas podem durar apenas alguns minutos ou talvez algumas horas, e o número delas (há 100 mil voos por dia, globalmente, todos produzindo trilhas) levou muitos a suspeitar que elas devem ter um efeito sobre o clima da Terra. O senso comum diz que as nuvens esfriam a Terra; se você já se sentou na praia em um dia nublado, terá experimentado isso. Mas as nuvens não apenas refletem a luz do sol de volta ao espaço. Também prendem o calor do solo na forma de ondas infravermelhas e o devolvem à Terra. É um efeito particularmente perceptível no inverno, quando o céu limpo cria condições mais frias que o céu nublado, porque à noite o calor que se perde do solo é refletido pelas nuvens. E diferentes tipos de nuvens (diferenciadas por cor, densidade e tamanho) em alturas diferentes têm efeitos diferentes. Tudo isso quer dizer que determinar se as trilhas têm um efeito de aquecimento ou de resfriamento na temperatura média da Terra é uma questão científica importante.

Investigar essa questão requer ser capaz de estudar o clima da Terra na ausência das trilhas e comparar as temperaturas médias com e sem elas. Mas sempre há aeronaves voando em algum lugar na estratosfera. Quando os aviões pousam à noite nos Estados Unidos, eles estão decolando no Extremo Oriente e na Austrália, e quando param de voar lá, os aviões europeus decolam, e assim por diante – é uma operação global 24 horas por dia, sete dias por semana: há mais de 1 milhão de pessoas no ar a qualquer momento. A única vez que isso não aconteceu na memória recente foi após o ataque terrorista das Torres Gêmeas em Nova York. Nenhum avião saiu do solo dos Estados Unidos por três dias após 11 de setembro de 2001. As medições de 4 mil estações meteorológicas norte-americanas mostraram que, no dia 11 de setembro, a diferença entre as temperaturas diurna e noturna foi em média 1 ºC mais alta que o normal. Isso, é claro, é apenas um estudo e em uma época do ano, o outono. É bem possível que no inverno, na primavera e no verão, quando a cobertura das nuvens e o clima localizado fossem diferentes, o efeito das trilhas seria diminuir as temperaturas, e não as aumentar. Há muito trabalho em andamento nessa área, mas nunca será fácil resolvê-lo; nosso clima é complexo. Certamente, é difícil imaginar uma época em que poderíamos coletar mais dados de um cenário completo de exclusão aérea, já que voar é uma parte muito importante da cultura global. Mesmo assim, os cientistas discutiram amplamente a possibilidade de controlar a temperatura global por meio da semeadura de nuvens e se isso teria o potencial de evitar alguns dos efeitos da mudança climática. Muitos suspeitam que poderiam gerenciar a radiação solar, aumentando a refletividade da atmosfera, tornando as nuvens mais brancas. A fabricação deliberada de trilhas de condensação parece uma maneira óbvia de testar essa teoria, e, embora tais experimentos sejam muito controversos, algumas pessoas acham que eles já estão sendo realizados em segredo. Os teóricos da conspiração argumentam que algumas trilhas permanecem no céu por muito tempo e que a única maneira de isso acontecer seria elas estarem sendo criadas por aerossóis e outros produtos químicos. Alguns dos teóricos da conspiração vão ainda mais longe e argumentam que as trilhas são evidências de que os governos estão pulverizando líquidos em seus territórios, com o objetivo de manipular psicologicamente a população por meios químicos.

Essas conspirações provocam temores legítimos de que poderíamos ser manipulados e envenenados pela água que bebemos. O perigo é real; o abastecimento de água tem sido historicamente responsável pelo envenenamento em massa de comunidades inteiras. Isso ainda acontece nos tempos modernos; por exemplo, em 2014, toda a cidade de Flint, Michigan, nos Estados Unidos, foi envenenada por chumbo na água devido à incompetência do governo. O surto de cólera no Iêmen, que começou em 2016 e está agora próximo de 1 milhão de casos, foi causado pela pane no fornecimento de água potável. Não é de surpreender que o medo de infecção em massa e envenenamento tenha se tornado um tema comum na ficção; talvez o mais famoso seja o filme *Dr. Strangelove*, no qual o general Jack D. Ripper identifica a fluoração da água nos Estados Unidos como um plano comunista para minar o *american way of life*: "Não posso mais me sentar e permitir que a conspiração comunista internacional enfraqueça e torne impuros todos os nossos preciosos fluidos corporais", diz o general Ripper antes de iniciar um ataque nuclear à URSS.

Esse filme, talvez o melhor para examinar as circunstâncias sob as quais uma nação iniciaria uma guerra nuclear, está certo ao identificar a adulteração da água como um motivo potencial para o conflito global. Todos precisamos de água limpa para beber – não podemos viver sem ela –, e se a nossa água for adulterada ou contaminada, causará morte e doença numa escala épica: as pandemias de cólera no século XIX mataram dezenas de milhões de pessoas antes que alguém descobrisse que a doença era causada por bactérias transmitidas pela água.

E, como com todos os líquidos, é muito difícil controlar a água. Ela vai para todos os lugares, passando de lagos para rios, oceanos e céus. Assim, o medo da contaminação da água é hoje maior que nunca, e ainda assim a água que cai das nuvens, a origem da maior parte da água que bebemos, é igualmente difícil de proteger. Nuvens não conhecem limites territoriais; experimentos, desastres ou ações de uma nação podem afetar e afetam o resto do mundo de maneira profunda.

LÍQUIDO

Dr. Strangelove foi feito como sátira, mas a suspeita e o medo que envolvem a potencial contaminação do que colocamos em nossos corpos é real e provavelmente nunca irá desaparecer.

"Substâncias estranhas introduzidas em nossos preciosos fluidos corporais sem o conhecimento do indivíduo, certamente sem escolha: é assim que o seu *comuna* funciona", diz o general Jack D. Ripper. Mas substitua *"comuna"* por "governo federal" ou "corporação capitalista", ou "cientista", ou até "ambientalista", e você tem a essência da maioria dos argumentos contra qualquer número de políticas, seja vacinação, cloração da água, até geração de energia. Existem inúmeros exemplos disso: basta olhar para a chuva ácida.

O carvão geralmente contém impurezas na forma de sulfatos e nitratos, que se transformam em dióxido de enxofre e gases de óxido de nitrogênio quando o carvão é queimado. Esses gases sobem e se tornam parte da atmosfera, depois se dissolvem nas gotículas líquidas que formam as nuvens. A presença desses gases torna as gotículas ácidas, de modo que, quando retornam à terra na forma de chuva, acidificam os rios, os lagos e o solo, matando peixes e plantas e destruindo as florestas. A chuva ácida também corrói os prédios, as pontes e outras estruturas, e muitas vezes faz isso muito longe de onde vieram as emissões originais – os gases do carvão. Ela cai em um país diferente de onde foi inicialmente emitida, tornando-se uma questão política além de ambiental. A causa da chuva ácida foi identificada durante a Revolução Industrial no século XIX, mas foi só na década de 1980 que o Ocidente, o principal produtor de chuva ácida, fez um esforço conjunto para combatê-la.

O desastre nuclear de Tchernóbil, na Ucrânia, em 1984, causou outro problema pan-nacional transportado pelas nuvens. Quando ficou claro que os elementos radioativos da explosão na central nuclear estavam sendo transportados pelo ar, todos sabiam que os ventos dominantes determinariam quais países seriam afetados. O Reino Unido era um desses países, com os criadores de ovelhas na Inglaterra e no País de Gales sofrendo com a chuva radioativa que caiu em suas terras, tornando-se parte do solo e da grama. Se medidas preventivas rápidas não tivessem sido tomadas para impedir que as ovelhas comessem essa grama, elas também se tornariam radioativas. Foi apenas em 2012, 26 anos após a explosão de Tchernóbil, que finalmente acabaram as restrições da Agência de Normas Alimentares do Reino Unido à criação de ovinos nas regiões afetadas.

O mundo é um lugar conectado. Está conectado por meio das nuvens e das chuvas que elas produzem e, em outro sentido, está conectado por viagens de avião. Quando olhei pela janela para a brancura, achei difícil aceitar que uma nuvem fosse fundamentalmente líquida. As gotículas individuais que compõem uma nuvem são obviamente pequenas demais para serem vistas, mas também são transparentes. Então, por que as nuvens são brancas?

Bem, enquanto a luz do sol passa direto através de muitas das gotículas em uma nuvem, mais cedo ou mais tarde ela atinge uma gotícula e é refletida, assim como o sol é refletido na superfície de um lago. Ela reflete a luz em outra direção, que atinge outra gotícula, e é refletida novamente. Isso continua, e o raio de luz é refletido como uma bola de fliperama até sair da nuvem. Quando finalmente atinge seus olhos, você vê uma pontinha de luz proveniente da última gota de água que a luz refletiu. O mesmo acontece com todos os outros raios de luz que atingem a nuvem, de modo que o que seu olho vê são bilhões de pontinhas de luz provenientes de toda a nuvem. Algumas terão percorrido rotas mais longas e perderão o brilho, e assim essa parte da nuvem aparecerá mais escura. Seu cérebro tenta entender todas essas pontinhas de luz. Ele está acostumado a interpretar tons de luz e escuridão como

LÍQUIDO

objetos tridimensionais, objetos com características materiais que se correlacionam com o que você está vendo. É por isso que as nuvens parecem ser objetos, às vezes fofos, como se fossem de lã, e às vezes mais densos, como se fossem montanhas flutuantes. Claro, outro pedaço do seu cérebro nega tudo isso e aponta a seu subconsciente que não são objetos, mas truques da luz. Ainda assim, mesmo consciente disso, é difícil ver as nuvens como apenas uma aglomeração de gotículas de água.

Muito da beleza do céu acontece por causa das nuvens e seu conteúdo de água. Elas afetam a luz que percebemos de inúmeras formas e são uma das principais razões pelas quais diferentes lugares do mundo variam de maneira tão sublime em termos de luz. Mas, à medida que as minúsculas gotículas que compõem uma nuvem se tornam mais densas, torna-se cada vez mais difícil para a luz ir de cima para baixo, e a nuvem parece cinza escura. Todos sabemos o que isso significa, especialmente na Grã-Bretanha – vai chover. As minúsculas gotas de água esféricas que estão flutuando na nuvem começam a ficar maiores, e a gravidade começa a exercer uma força maior sobre elas. Quando as gotículas são do tamanho de minúsculas partículas de poeira, a flutuação e as correntes de convecção do ar exercem uma força muito maior sobre elas do que a gravidade, então elas apenas flutuam como poeira. Mas, à medida que aumentam, a gravidade começa a dominar, puxando-as para a Terra e transformando-as em chuva. Isso se tivermos sorte. Do contrário, elas podem formar uma nuvem de tempestade, as mesmas nuvens de tempestade que matam centenas de pessoas todos os anos.

As nuvens de tempestade são criadas sob um conjunto muito particular de circunstâncias. Quando as gotículas passam pelo ar frio, o vapor de água muda de gás de volta para líquido. É o oposto do que acontece quando as roupas molhadas secam no varal. Ao fazer isso, elas liberam energia na forma de calor – chamamos isso de calor latente. O calor latente é emitido a partir das moléculas de H_2O enquanto ainda estão no interior da nuvem, o que significa que o ar ali fica mais quente. Como sabemos, o ar quente sobe, então a nuvem ganha volume no topo. É assim que as nuvens cúmulos são feitas. Mas, se tudo isso acontecer enquanto muito ar quente e úmido estiver subindo do solo – como poderia acontecer em um dia de verão –, então as correntes de convecção que empurram as gotículas das nuvens para cima podem ser fortes o suficiente para reverter a chuva e enviá-la para cima também. As gotas viajam quilômetros até o céu, até que o ar que as carrega finalmente esfrie o suficiente para parar de subir. Na atmosfera, as gotículas de chuva congelam, tornam-se partículas de gelo e depois caem novamente, mas, dependendo das condições climáticas, elas podem ser empurradas para cima novamente pelo ar ainda mais quente. Enquanto isso, a nuvem vai ficando maior e mais alta, cada vez mais escura, transformando-se de uma nuvem cúmulo em uma nuvem cúmulo-nimbo – uma nuvem de tempestade. As correntes de convecção que empurram as gotículas para cima aumentam até a velocidade de 100 km/h, e a nuvem torna-se um redemoinho complexo de atividade, com partículas de gelo caindo através de uma corrente de ar que transporta ainda mais gotículas, todas colidindo violentamente por vários quilômetros.

A comunidade científica ainda não tem certeza de como as condições dentro de uma nuvem cúmulo-nimbo levam ao acúmulo de carga elétrica. Mas sabemos que, como acontece no solo, a eletricidade aumenta em consequência do movimento de partículas carregadas, que se originam de átomos. Todos os átomos compartilham uma estrutura comum: um núcleo central contendo partículas carregadas positivamente, chamadas de prótons, cercadas por partículas carregadas negativamente, chamadas de elétrons. Ocasionalmente alguns dos elétrons se soltam e começam a

LÍQUIDO

se movimentar: essa é a base da eletricidade. Quando você esfrega uma bexiga em um suéter de lã, cria partículas carregadas na bexiga. Então, se levantar a bexiga acima de sua cabeça, seu cabelo se moverá em resposta às cargas da bexiga, atraindo as cargas opostas em seu cabelo. A carga negativa, em última análise, quer ser reunida com a carga positiva, e estica o cabelo para a bexiga a fim de conseguir isso, fazendo com que seu cabelo fique em pé. Se a quantidade de carga fosse maior, haveria energia suficiente para que as partículas carregadas pulassem pelo ar, criando uma faísca.

Em uma nuvem, em vez de bexigas esfregadas suavemente, você tem gotículas de água e partículas de gelo em grande turbulência, colidindo umas com as outras com toneladas de energia, dando a algumas das partículas de gelo uma carga positiva à medida que são carregadas até o topo da nuvem, e alguns dos pingos de chuva possuem uma carga negativa quando caem no solo. Essa separação de cargas positiva e negativa ao longo de muitos quilômetros de nuvem é impulsionada pela energia dos ventos dentro da nuvem. Mas a força atrativa entre o positivo e o negativo ainda está lá – eles querem se reconectar, o que significa dizer que há uma voltagem crescendo dentro da nuvem. Pode ficar tão grande, atingindo centenas de milhões de volts, que retira os elétrons das moléculas do próprio ar. Quando isso ocorre, acontece muito rapidamente, desencadeando a liberação de uma carga elétrica que flui entre a nuvem e a terra ou entre a parte superior e a parte inferior da nuvem, dependendo das condições. A descarga é tão grande que brilha incandescente – é um raio. E o trovão é o barulho sônico do ar circundante que se expande rapidamente à medida que é aquecido a dezenas de milhares de graus Celsius.

A energia do raio é tão grande que pode vaporizar pessoas, e faz isso, daí o grande número de mortes. A eletricidade sempre flui pelo caminho de menor resistência – tem o mesmo comportamento de um líquido. Mas, enquanto os líquidos fluem pelos campos gravitacionais, a eletricidade flui pelos campos elétricos, e, como o ar não conduz eletricidade muito bem, tem alta resistência ao fluxo de eletricidade. Os humanos, por outro lado, são compostos principalmente de água, que conduz eletricidade bem. Então, se você é um raio que emana de uma nuvem de tempestade tentando encontrar o caminho de menor resistência até a terra, uma pessoa é muitas vezes o seu melhor veículo. Embora os raios possam preferir passar por árvores, porque são mais altas e longas, e assim mais do caminho condutor pode passar por seus galhos aquosos, se uma pessoa estiver abrigada debaixo daquela árvore, então o raio pode, e frequentemente faz isso, pular para a pessoa na última parte de sua jornada para a terra.

Em muitas partes do mundo, as estruturas mais altas são frequentemente prédios e, no Ocidente, por muito tempo, o prédio mais alto de uma cidade era a igreja. Muitas torres das primeiras igrejas eram feitas de madeira e pegavam fogo quando eram atingidas por um raio. Felizmente, em 1749, Benjamin Franklin percebeu que se colocássemos um condutor elétrico de metal no alto dos prédios e o conectássemos à terra com um pedaço de fio condutor, daríamos ao raio um caminho mais fácil para baixo, evitando assim a destruição. Esses fios condutores ainda são usados hoje e continuam a salvar centenas de milhares de prédios altos de serem danificados por raios. O mesmo princípio explica por que estar dentro de um carro protege contra um raio: se ele atingir o carro, será conduzido pelo exterior da carroceria metálica, que é um caminho menos resistente do que passar pelos passageiros.

O que nos leva ao avião e aos perigos dos raios. Quando um avião está voando através de uma nuvem de tempestade, o ar turbulento faz com que ele se agite e gire, caia ou suba repentinamente

LÍQUIDO

à medida que a pressão muda. Se, em meio a isso, houver raios nas nuvens, o avião provavelmente se tornará parte do caminho condutor desses raios. Como sabemos, muitos aviões mais antigos são construídos com uma fuselagem de liga de alumínio, e, como faria em um carro, o metal protege os passageiros da carga do raio. Mas os compostos de fibra de carbono dos quais são feitos os modernos aviões de passageiros não conduzem muito bem a eletricidade (a cola epóxi que segura as fibras de carbono é um isolante elétrico), então, para compensar isso, a fibra de carbono tem fibras metálicas condutoras embutidas em sua estrutura, garantindo que, quando um raio atingir o avião, ele viajará pela estrutura da aeronave e não prejudicará os passageiros. Assim, embora os aviões sejam atingidos com bastante frequência – um por ano, em média –, não houve nenhum acidente registrado em aviões como resultado de um raio em mais de cinquenta anos. Em outras palavras, é mais perigoso estar no chão, debaixo de uma árvore, durante uma tempestade de raios do que em um avião. Eles não mencionam isso nas instruções de segurança pré-voo, apesar de isso tornar voar muito mais seguro, mas – como já falamos – as instruções pré-voo na verdade não têm nada a ver com segurança.

A essa altura, meu avião já estava chegando perto do chão, relativamente falando. Enquanto continuávamos a perder altitude em nossa aproximação ao Aeroporto Internacional de San Francisco, as nuvens baixas nos impediam de ver muito do lado de fora da janela. A área da baía de San Francisco é propensa a nevoeiro. A névoa, como as nuvens, é uma dispersão líquida de gotículas de água no ar: é essencialmente uma nuvem no nível do solo. O nevoeiro parece inofensivo se você está olhando para ele de uma casa aconchegante, aquecida por uma lareira, bebendo um copo de conhaque – dá à cidade um ar de romantismo, uma sensação de que coisas novas e misteriosas são possíveis. Mas se você estiver andando em um pântano, dirigindo em uma estrada, esquiando em uma

236

montanha ou descendo a uma velocidade de 10 m/s em um avião, a neblina significará apenas uma coisa – morte em potencial. A história dos nevoeiros marítimos e dos navios lançados sobre rochas por não serem capazes de vê-las ainda é uma parte muito real e assustadora da vida marítima. A menos que se esteja equipado com modernos sistemas "fly-by-wire", a neblina fecha aeroportos e faz com que os aviões desistam de aterrissar. O nevoeiro é assustador, é perigoso – e talvez seja por isso que celebrações aos mortos, como o Halloween, são muitas vezes realizadas em épocas do ano em que o nevoeiro e a névoa são predominantes.

A névoa se forma no nível do solo pela mesma razão que nuvens se formam no céu. O ar úmido esfria e, como resultado, a H_2O no ar se liquefaz em finas gotículas de água. Assim como acontece em altas altitudes, a formação de gotículas requer um ponto de nucleação, e tradicionalmente, nas cidades, isso era fornecido pela fumaça do fogo que era usado para cozinhar ou para manter as casas quentes. Mas, nos tempos modernos, os pontos de nucleação geralmente se originam do escape das chaminés das fábricas e dos carros. Quando há um excesso crônico desse tipo de poluição, uma névoa espessa chamada *smog* (smoke = fumaça + fog = neblina) é formada, e muitas vezes fica pairando por dias a fio, capturando a poluição e mantendo-a acima da cidade. Em Londres, a história da *smog* remonta a 1306, quando o rei Edward I proibiu a queima de carvão por um período para tentar combater o problema. A situação ficou tão ruim que, durante esses nevoeiros de fumaça, os londrinos não conseguiam ver as mãos na frente de seus rostos. Apesar dos esforços de Edward, a *smog* continuou a atormentar Londres por séculos, até o Grande Nevoeiro de 1952, que foi tão letal que matou 4 mil pessoas em um período de quatro dias, fazendo com que o governo aprovasse a primeira lei de ar puro do país.

LÍQUIDO

San Francisco também costuma sofrer com densos nevoeiros. Isto se deve a uma combinação de condições que trazem o ar quente e úmido do Oceano Pacífico para a cidade, onde então ele esfria e se condensa em neblina como resultado das emissões de escapamento dos carros. Estávamos descendo para um nevoeiro assim agora e, apesar de saber que o avião e o aeroporto estão acostumados a essas condições e sabem fazer um pouso seguro nelas, senti-me cada vez mais ansioso à medida que continuávamos a descer para o chão, enquanto lá fora não havia nada para ver além do assustador branco.

"Bong", era o intercomunicador do avião. "Tripulação, preparar para o pouso." O momento crítico de segurança havia chegado – estávamos pousando. A cabine ficou em silêncio, exceto pelo zumbido dos motores e o barulho alto do ar-condicionado. Todos pareciam estar sintonizados com a mesma ansiedade. Ocasionalmente, o nevoeiro clareava o suficiente para que eu conseguisse ver o chão, uma árvore ou um carro, mas então a brancura voltava e o avião caía ou oscilava enquanto os motores cantavam em meus ouvidos temerosos.

Quanto mais descíamos, mais eu me sentia tenso. Eu sei, racionalmente, que voar é a forma mais segura de fazer viagens de longa distância, mas estou sempre preocupado em ser a exceção. O nevoeiro mortal estava do lado de fora. Estávamos todos usando o cinto de segurança, incluindo a tripulação, que olhava para nós de forma impassível. Eles fazem isso várias vezes por semana. Como enfrentam, pensei, essa última parte do voo, quando fica claro que nossas vidas estão nas mãos da capacidade dos pilotos de lidar com algo invisível e inesperado? Apenas Susan, muito calma, parecia não ser afetada; ela tinha parado de ler e estava olhando pela janela com serenidade, muito confiante de que nossa iminente colisão com o solo seria um sucesso.

238

12. Sólido

Houve um baque e toda a fuselagem estremeceu, fazendo o som de mil armários sendo fechados. Todos fomos lançados para a frente e esticamos nossos cintos de segurança enquanto o capitão desligava os motores a jato e começamos a desacelerar de uma velocidade de 210 km/h para 110, depois para 65, depois para 25, enquanto taxiávamos pela pista. Houve um alívio audível na cabine e algumas pessoas aplaudiram: estávamos de volta à sólida Terra.

Embora sólida não seja realmente a palavra certa, já que, se tratando de planetas, a Terra não é particularmente sólida. Ela começou sua vida como uma bola de líquido quente e, ao longo de 100 milhões de anos, esfriou o suficiente para formar uma fina crosta de rocha no exterior. Isso aconteceu há cerca de 4,5 bilhões de anos, e desde então nosso planeta tem esfriado, mas ainda é fluido por dentro. É o fluxo dinâmico de líquido dentro da Terra que mantém nosso planeta vivo, criando um campo geomagnético protetor. Mas essa mesma fluidez também é uma força destrutiva, causando terremotos, erupções vulcânicas e subducção de placas tectônicas.

LÍQUIDO

Bem no centro da Terra existe algo sólido – um núcleo de metal feito de ferro e níquel a uma temperatura de aproximadamente 5.000 ºC. Mesmo a essa temperatura, que está milhares de graus acima de seu ponto de fusão normal, esse núcleo é sólido porque a intensa pressão gravitacional no centro da Terra força o líquido a formar gigantescos cristais de metal. O núcleo é cercado por uma camada de metal fundido, principalmente ferro e níquel outra vez, com aproximadamente 2 mil quilômetros de espessura. As correntes que fluem dentro desse oceano metálico interior são o que produz o campo magnético da Terra, que é tão poderoso que se estende não apenas até a superfície, onde sua força faz as bússolas funcionarem, permitindo a navegação, mas também para o espaço. Lá fora, o campo magnético da Terra age como um escudo, desempenhando um papel vital ao nos proteger do vento solar e dos raios cósmicos que caem sobre nós. Sem o nosso escudo magnético, eles nos despiriam da atmosfera e da água, e provavelmente matariam toda a vida no planeta. Cientistas planetários acreditam que Marte perdeu seu escudo magnético há algum tempo, e é por isso que não tem atmosfera e se tornou um planeta frio e morto.

Cercando nosso oceano de metal líquido está uma camada de rocha, com temperaturas entre 500 ºC e 900 ºC – o manto. Nessas temperaturas muito altas, a rocha se comporta como um sólido ao longo de períodos de segundos, horas e dias, mas como um líquido durante períodos de meses a anos, o que equivale a dizer que a rocha flui mesmo que não esteja derretida – chamamos isso de fluência. Os principais fluxos desse manto rochoso são fluxos de convecção: a rocha quente perto do oceano de metal líquido sobe e a rocha mais fria perto da crosta afunda. É o mesmo tipo de fluxo que você vê em uma panela de água que está se aquecendo. A água quente na base da panela se expande e se torna menos densa do que a água mais fria no topo da panela, que afunda para substituí-la.

240

No topo do manto está a crosta, que é como a pele da Terra. É uma camada relativamente fina de rocha fria, entre 30 e 100 quilômetros de espessura, coberta por todas as montanhas, florestas, rios, oceanos, continentes e ilhas do planeta. E quando o intercomunicador foi ligado mais uma vez, nosso comissário de bordo confirmou que havíamos acabado de pousar sobre essa crosta:

"Senhoras e senhores, bem-vindos ao aeroporto de San Francisco, a hora local é 15h42 e a temperatura é de 3 ºC. Para sua segurança e conforto, por favor, permaneçam sentados com os cintos de segurança afivelados até que o capitão desligue o sinal de *cinto de segurança*."

Em momentos como esse, o alívio de estar de volta ao chão pode fazê-lo sentir que a crosta em que vivemos é um sólido estável no qual podemos confiar firmemente. Mas esse não é o caso; a crosta está essencialmente flutuando no manto fluido abaixo, e, para tornar a coisa toda ainda mais precária, é composta de peças separadas chamadas placas tectônicas. As forças de convecção do manto movem as placas, fazendo com que elas se deformem ao bater umas nas outras. Existem sete placas tectônicas principais, que geralmente se alinham com os continentes – assim, por exemplo, a placa norte-americana contém a América do Norte, a Groenlândia e todo o fundo do mar entre ela e a placa Eurasiana, que contém a maior parte da Europa. Todas as placas tectônicas se movem, mas não na mesma direção, e os locais onde elas se encontram, chamados falhas, são zonas de colisão. Quando as placas se juntam, elas se erguem para formar montanhas. Onde as placas se separam, uma nova crosta é formada, à medida que a lava sobe do manto abaixo. As falhas também são os locais onde ocorrem os terremotos mais violentos.

Tenho certeza de que meus companheiros de viagem entendiam o perigo – como não entender, se moravam em um lugar

LÍQUIDO

como San Francisco? A cidade está localizada na falha onde a placa tectônica norte-americana se encontra com a placa tectônica do Pacífico, e assim há uma longa história de grandes terremotos, e certamente haverá mais no futuro. Em 1906, um terremoto destruiu 80% da cidade e matou mais de 3 mil pessoas. Houve outro em 1911, depois outro em 1979 e outros em 1980, 1984, 1989, 2001 e 2007. E esses são apenas os grandes terremotos. Houve muitos distúrbios menores na crosta durante esse tempo. Viver em um lugar como San Francisco deixa claro como é importante entender a dinâmica dos fluidos do nosso planeta. Isso não apenas explica por que terremotos gigantescos ocorrem e voltam a ocorrer em certos lugares, mas também nos ajuda a entender os fatores que afetam um fator vitalmente importante: o nível do mar.

Como a crosta terrestre fica no topo da rocha fluida, se ela ficar mais pesada, digamos, por quilômetros de gelo, afundará no manto. Foi o que aconteceu com a Antártida e a Groenlândia, ambas cobertas por dois a três quilômetros de gelo espesso. Para ter uma ideia melhor da escala dessas camadas de gelo, considere que a camada de gelo da Antártida contém 60% de toda a água doce na superfície do planeta – aproximadamente 26 milhões de trilhões de litros de água, que pesam aproximadamente 26 mil trilhões de toneladas. Se o aquecimento global fizesse com que todo o gelo derretesse, o nível dos oceanos subiria mais de cinquenta metros, submergindo todas as cidades costeiras do mundo e deixando centenas de milhões de pessoas desabrigadas. Isso parece óbvio. O não tão óbvio é que a liberação do peso do gelo da Antártida iria eliminar a tensão das rochas debaixo dele, e essas massas de terra seriam descomprimidas e sacudidas (isso é chamado rebote pós-glacial). A Groenlândia está numa situação semelhante: a crosta abaixo dela aguenta 3 milhões de trilhões de litros de água contidos na camada de gelo, e se tudo isso derreter, a placa tectônica norte-americana se elevará. Se o aumento resultante na altura do continente for maior

242

que o aumento do nível do mar, então grandes inundações podem ser evitadas. Trabalhar com o que é mais provável de ocorrer é de vital importância para o nosso futuro, especialmente para as futuras gerações, porque, se o aquecimento global se intensificar, o que é provável, um desses cenários certamente se concretizará.

No momento, é isso que sabemos. A média global do nível do mar subiu vinte centímetros desde o início do século XX. Parte disso se deve à expansão térmica da água à medida que os oceanos se aquecem, já que os líquidos aquecidos têm mais volume. Parte do aumento deveu-se ao derretimento das camadas de gelo sobre a Groenlândia e a Antártida, e ainda mais porque outras geleiras também estão derretendo. O aumento do nível do mar é global; afeta todos os países com costa, desde uma pequena ilha no Pacífico, que terminará totalmente submersa, até um país enorme como Bangladesh, onde um aumento de um metro no nível do mar resultaria em quase 20% do território submerso e 30 milhões de pessoas deslocadas. Por outro lado, o rebote pós-glacial afeta apenas as costas ligadas às partes da crosta terrestre afundadas sobre as camadas de gelo da Groenlândia e da Antártida. Em outras palavras, haverá vencedores e perdedores quando o gelo da Terra derreter, e tudo dependerá de qual deles derreter primeiro: a Groenlândia, no hemisfério norte, ou a Antártida, no hemisfério sul.

Se o gelo derreter primeiro no hemisfério norte, então a Groenlândia irá se elevar acima da média do nível do mar, assim como o continente norte-americano, então os níveis do mar inicialmente cairão. A água extra será distribuída por todos os oceanos, enquanto o aumento na altura das placas tectônicas do norte terá um efeito local. Se o contrário acontecer, e o gelo da Antártida derreter antes da camada de gelo da Groenlândia, então as placas

LÍQUIDO

tectônicas do sul saltarão primeiro, e toda a costa leste da América do Norte terminará submersa.

Uma das grandes incógnitas é a rapidez com que o gelo desaparecerá, já que ele não precisa derreter para desaparecer dos continentes. Ele também pode fluir: é assim que as geleiras se movem, fluindo montanhas abaixo, apesar de serem gelo sólido. Como a fluência funciona não é tão diferente de como os líquidos viscosos escorrem. Quando a força da gravidade é aplicada a uma molécula em um líquido, algumas das fracas ligações que o mantêm unido se quebram, permitindo que se mova na direção determinada pela força. Mas ele também precisa ter espaço para onde ir e, se não conseguir, exerce pressão sobre as moléculas vizinhas, fazendo com que se movam. A estrutura de um líquido é na maior parte aleatória, de modo que os espaços geralmente se abrem, permitindo que as moléculas se movam e se misturem livremente em resposta às forças e que o líquido flua. A mesma coisa acontece nos sólidos, mas as moléculas e os átomos têm relativamente menos energia para quebrar as ligações que os mantêm unidos a seus vizinhos, de modo que o processo é dramaticamente mais lento. Os sólidos também têm uma estrutura muito ordenada, então é difícil encontrar espaço para que os átomos se movam. É por isso que eles fluem tão lentamente, e é por isso que chamamos de fluência. Você pode acelerar a fluência colocando sólidos sob pressões mais altas ou aumentando sua temperatura. Em temperaturas mais altas, os átomos têm mais energia vibracional para romper os laços existentes e pular para qualquer espaço que possa estar disponível. É o que está acontecendo com as camadas de gelo à medida que as temperaturas globais sobem: montanhas inteiras de gelo estão fluindo, impulsionadas pela gravidade em direção ao mar.

Sob a forma de geleiras, o gelo flui relativamente rápido. Em 2012, por exemplo, mediu-se que as geleiras da Groenlândia estavam se movendo a uma velocidade de dezoito quilômetros por ano em direção ao mar. Estavam se movendo tão rápido porque as camadas de gelo tinham atingido temperaturas entre -10 °C e -50 °C. Por mais frio que isso possa parecer, esse gelo está apenas entre 10 a 50 °C abaixo do seu ponto de derretimento de 0 °C. O que quer dizer que a energia das moléculas de H_2O no interior dos cristais de gelo não está muito distante da temperatura de que precisam para virar água líquida. Em contraste, as rochas que compõem uma montanha têm pontos de fusão entre 1.000 °C e 2.000 °C, de modo que os átomos nas rochas de uma grande montanha estão milhares de graus abaixo de seu ponto de fusão e se comportam muito mais como um sólido do que uma geleira. Assim, as montanhas se movem mais devagar que as geleiras, mas elas fluem mesmo assim, apenas demoram milhões de anos para fluir distâncias apreciáveis. Mais abaixo na crosta terrestre, as temperaturas estão mais próximas do ponto de fusão das rochas, razão pela qual as placas tectônicas fluem mais rápido do que as montanhas, a taxas de 1 a 10 centímetros por ano.

Isso pode não parecer muito, mas agora imagine que há outra placa tectônica empurrando para o outro lado e que as forças estão agindo sobre uma falha de centenas de quilômetros de comprimento. Algo tem que ceder. Se não, ano após ano, a tensão continuará se acumulando até a placa se romper e deslizar, causando uma liberação quase instantânea e enorme de energia – um terremoto. A quantidade de energia liberada no terremoto de 1906 em San Francisco foi equivalente a cerca de mil bombas nucleares. O terremoto que causou o tsunami que atingiu o Japão em 2012 foi equivalente a 25 mil bombas nucleares. É essa gigantesca liberação de energia que faz com que os danos causados por terremotos sejam tão disseminados; um grande terremoto, com um epicentro a centenas de quilômetros de distância de qualquer cidade, ainda pode ser devastador.

LÍQUIDO

Mas esse acúmulo de energia nem sempre cria um terremoto às vezes a rocha flui e, como dois pedaços de papel sendo empurrados juntos, flui lentamente para cima a fim de liberar a pressão. Isso exige uma enorme quantidade de força, mas uma enorme quantidade de força é exatamente o que é produzido pelas placas tectônicas. É esse enrugamento inexorável que cria as montanhas. As grandes cadeias montanhosas da Terra – os Alpes, as Montanhas Rochosas, o Himalaia e os Andes – estão todas localizadas onde as placas tectônicas se encontram, e todas foram formadas pela fluência ao longo de milhões de anos.

Mas nem todas as montanhas são criadas dessa maneira. Talvez a maneira mais impressionante de criar uma montanha, e certamente a mais rápida, seja por meio da erupção vulcânica. Se você ainda não viu rios quentes de rocha vermelha derretida saindo das entranhas da Terra, deveria experimentar pelo menos uma vez na vida: é uma das visões mais incríveis da natureza e cria um forte sentido de humildade, um pouco como voltar em uma máquina do tempo ao nascimento do planeta, onde haveria rocha queimada e cinzas negras por todos os lados, acompanhadas de cheiro de enxofre, fumaça e cinzas.

Na única vez em que vi um vulcão vivo, quase morri. Eu estava morando por um breve período na Guatemala, estudando espanhol; era o verão de 1992 e eu estava hospedado com uma família na velha cidade de Antígua, localizada em uma região montanhosa de selva no Arco Vulcânico da América Central, uma cadeia de vulcões na costa do Pacífico, todos criados pela atividade tectônica. Nos últimos 300 mil anos, estima-se que setenta quilômetros cúbicos de montanha tenham sido criados pelas erupções desses vulcões. Um dos mais ativos da região é o Pacaya, que fica perto de Antígua e teve sua última grande erupção em 2010.

246

Quando eu estava em Antígua, as visitas ao vulcão eram organizadas não oficialmente na praça do mercado. A família guatemalteca que me hospedava tinha me avisado para não ir porque, em 1992, o país ainda estava cheio de bandidos que roubavam regularmente qualquer turista que fosse jovem e tolo o suficiente para sair pelo campo desarmado. Mas, como eu era jovem e tolo, não dei atenção aos conselhos deles e, assim, saí uma tarde em um caminhão cheio de mochileiros igualmente jovens e tolos levados para a floresta por dois jovens guatemaltecos. Chegamos à base do Pacaya quando o sol estava se pondo e começamos nossa subida pelo meio das árvores – só que não havia árvores, porque o Pacaya, sendo um vulcão ativo, entra em erupção intermitentemente, soltando fumaça e cinzas e lançando toneladas de rocha derretida no ar. Essas emissões queimaram e destruíram toda a floresta que existia ao redor do cone, de modo que, onde estávamos, na base, havia apenas um declive íngreme de cinzas, pontuado a cada dez metros ou mais por tocos de árvores enegrecidos. Quando começamos a caminhar, passamos por esse monte de cinzas soltas, com fumaça fétida à nossa volta. Parecia uma cena do apocalipse. À medida que continuamos a subir, o caminho se tornou mais íngreme e ficou mais difícil avançar com toda a cinza solta queimada. Mas éramos ávidos e aventureiros e finalmente chegamos ao topo, bem quando anoiteceu.

Logo ficou escuro como breu, e nossos guias fizeram sinal para que fôssemos para trás de uma pedra grande perto da borda da cratera enquanto eles avançavam para ver qual era o humor do Pacaya. Voltaram rapidamente, animados para nos dizer que ele estava acordado e borbulhando de lava. Então avançamos também. O cheiro de enxofre subia da cratera, que parecia estar entre cem e duzentos metros abaixo – eu realmente não saberia dizer. Então vimos a lava. Foi um daqueles momentos que nunca vou esquecer – como ver o interior do nosso planeta pela primeira vez.

LÍQUIDO

Ficamos todos paralisados, como se estivéssemos observando algum animal selvagem em seu covil. Foi então que ouvimos alguns sons de estalo. Nossos guias se preocuparam e conversaram em particular. Houve mais estalos e alguns baques surdos. Parecia que o Pacaya realmente estava acordado, atirando lava para o ar – os estrondos eram os sons da lava caindo no solo. Cada um, descobri mais tarde, tinha provavelmente um ou dois quilos. Não tínhamos capacetes de segurança, roupas resistentes ao calor nem botas (eu estava usando tênis). Os guias nos disseram que a melhor coisa a fazer naquela situação era simplesmente correr, e não precisamos ser convencidos. Fugi, aterrorizado de que o próximo estalo terminaria com um jato de lava derretida na minha cabeça; escorreguei e caí, descendo a montanha de cinzas o mais rápido que pude, o tempo todo ouvindo os estalos atrás de nós. No caminhão de volta para Antígua, nossos guias riam – pelo visto tínhamos escapado por pouco. Finalmente entendi por que eles não estavam preocupados com bandidos: eles com certeza eram um perigo, só não eram o maior deles.

Mas, de maneira geral, as erupções do Pacaya são menores. O maior vulcão do planeta é Mauna Loa, na Grande Ilha do Havaí, que ele criou com seu magma. A maior parte da atividade vulcânica está sob o mar. As ilhas havaianas foram todas criadas por atividade vulcânica, e isso continua até hoje, tornando-as um lugar muito perigoso para se viver – uma grande erupção poderia lançar lava a oitocentos metros no ar, criando uma nuvem de cinzas sufocante e quente. Um desastre dessa escala não seria inédito. No ano de 79, o Monte Vesúvio, na Itália, entrou em erupção, cobrindo as antigas cidades romanas de Pompeia e Estábia com cinzas quentes e matando muitos dos habitantes quase instantaneamente.

E, em 1883, Krakatoa, uma ilha vulcânica na Indonésia, entrou em erupção com uma explosão tão alta que foi relatada a milhares

248

de quilômetros de distância. Estima-se que o tamanho dessa explosão tenha sido equivalente a 13 mil bombas atômicas e matado mais de 30 mil pessoas. Depois da erupção, descobriu-se que a maior parte da ilha havia desaparecido.

Essas erupções gigantescas não são apenas parte do nosso passado; também são, infelizmente, uma parte inevitável do nosso futuro. Por exemplo, uma acumulação maciça de lava em um vulcão submarino ao Sul do Japão foi detectada recentemente. O lento escoamento de sua lava construiu uma cúpula 2 mil pés acima do leito do mar. A supererupção anterior nessa área vulcânica, há 7 mil anos, devastou as ilhas japonesas. Outra erupção desse tipo pode estar se formando e provavelmente terá um forte impacto semelhante no Japão, além de encher a atmosfera da Terra com cinzas. Essa cinza vai ficar na atmosfera por anos, bloqueando o sol e baixando as temperaturas em toda a Terra, criando o chamado inverno global.

Um molde de gesso de uma das vítimas da erupção do Vesúvio.

Mas aqui está a coisa estranha. Apesar de bilhões de anos com vulcões em erupção e bilhões de anos de movimento tectônico, as

LÍQUIDO

montanhas da Terra não são muito altas. A visão da Terra do espaço mostra isso de forma muito impressionante; lá de cima, vivemos em uma bola de bilhar quase perfeita, sem nada grande sobressaindo: as montanhas são todas rugas relativamente insignificantes em um globo liso, mas tiveram bilhões de anos para crescer – então por que não fizeram isso? Bem, existem dois processos que estão constantemente tornando as montanhas menores. O primeiro é a erosão: a chuva, o gelo e os ventos estão o tempo todo arrancando pequenas partículas das montanhas, desgastando-as e triturando--as. Além disso, enquanto o peso das montanhas aumenta à medida que crescem, ele produz uma pressão na rocha abaixo que, com o tempo, flui, levando as montanhas de volta à crosta. Então, assim como as camadas de gelo pesam sobre a Antártida, as montanhas pesam sobre as placas tectônicas de onde vieram, e quanto mais crescem, mais afundam.

É claro que a tripulação da cabine não mencionou nada disso quando estávamos pousando, o que talvez seja a melhor maneira de lidar com o que significa viver em um planeta imprevisível que está em constante movimento. Por mais que possamos entender as causas subjacentes de um terremoto, ninguém pode prever quando o próximo atingirá San Francisco. "Talvez seja hoje", pensei, olhando para Susan. Ela não parecia preocupada. "Provavelmente vive em negação", refleti, "como o resto de nós". De que outra forma podemos viver felizes nesta crosta fina, estendida sobre um planeta fluido que gera forças que são incompreensivelmente grandes – tão grandes que construíram montanhas ao longo de milhões de anos e destruíram cidades inteiras em minutos. Forças que expeliram novas ilhas e engoliram outras, forças que fizeram com que continentes inteiros afundassem sob o peso do gelo, o próprio gelo que agora está derretendo, fazendo o nível do mar subir, ameaçando inexoravelmente todas as cidades costeiras, incluindo San Francisco. E nenhuma dessas forças vai parar, porque todas são impulsionadas pela fluidez e pela liquidez do planeta. Para sobreviver como civilização e como espécie, teremos que aprender a viver com tudo isso.

Susan estava fazendo exatamente isso, usando a câmera em seu celular para ajudá-la a passar seu batom vermelho. Gostei do estilo dela. Eu ainda não sabia quem ela era, o que a motivava ou para onde estava indo. Eu só sabia de uma coisa: o nome dela realmente era Susan – eu tinha lido no formulário da alfândega que ela havia preenchido usando minha caneta esferográfica. Uma caneta que ela agora levava consigo enquanto avançava com agilidade pelo corredor, tirava sua bagagem do compartimento superior com um movimento fluido e seguia para a saída. Enquanto isso, pelo intercomunicador recebemos uma última mensagem otimista:

"Em nome da companhia aérea e de toda a tripulação, gostaria de agradecer por se juntarem a nós nesta viagem e esperamos vê--los novamente a bordo em breve. Tenham um bom dia!"

13. Sustentável

Vivendo em um planeta fluido, a única coisa de que podemos ter certeza é a mudança: os níveis do mar estão subindo; o manto da Terra está fluindo, movendo os continentes; vulcões entram em erupção, criando novas terras e destruindo outras; furacões, tufões e tsunamis continuam a atacar nossas costas, reduzindo cidades a escombros. Diante desse futuro, parece racional construir nossas casas, estradas, sistemas de água, usinas elétricas e até aeroportos – tudo de que dependemos para viver uma vida digna e civilizada – de forma a resistir a danos. Essas coisas precisam ser fortes e resistentes para sobreviver a terremotos e inundações, sim, mas seria ainda melhor se pudéssemos projetar nossa infraestrutura para que se consertassem, permitindo que nossas cidades fossem mais ágeis e resilientes diante da mudança ambiental. Isso pode parecer absurdo, mas, na verdade, é o que os sistemas biológicos vêm fazendo há milhões de anos. Pense em uma árvore: se ela for danificada em uma tempestade, pode se reparar criando novos membros. Da mesma forma, se você se cortar, sua pele se cura. Seriam nossas cidades capazes de se autocurar?

Em 1927, o professor Thomas Parnell, da Universidade de Queensland, realizou um experimento para ver o que aconteceria com o alcatrão preto caso fosse deixado em um funil. O que ele descobriu foi que, durante dias, ele se comportou como sólido, ficando exatamente onde tinha sido colocado. Mas, ao longo de meses e anos, começou a fluir e a se comportar como um líquido. De fato, fluiu pelo funil e começou a formar gotículas. A primeira gota caiu em 1938, a segunda caiu em 1947, a terceira em 1954, e assim por diante, com a nona caindo em 2014. Isso é um comportamento surpreendente para um material que parece tão sólido quando você dirige sobre ele em seu carro. Isso é asfalto, mas ele é apenas alcatrão misturado com pedras. Então o que está acontecendo?

O experimento da gota de piche da Universidade de Queensland (fotografia tirada em 1990, dois anos após a sétima gota e dez anos antes da oitava).

O alcatrão é um material muito mais interessante do que qualquer um poderia pensar – incluindo os cientistas de materiais. Extraído do solo ou produzido como um subproduto do petróleo cru, parece ser nada mais que um lodo negro e chato. Mas, na realidade, é uma mistura dinâmica de moléculas de hidrocarbonetos que se formaram ao longo de milhões de anos a partir do maquinário molecular decomposto de organismos biológicos. Os produtos decompostos são moléculas complexas que, embora não façam mais parte de um sistema vivo, se auto-organizam dentro do alcatrão, criando um conjunto de estruturas interligadas. Em temperaturas normais, as moléculas menores dentro do alcatrão têm energia suficiente para percorrer sua arquitetura interna, o que dá fluidez ao material. Assim, o alcatrão é um líquido, ainda que muito viscoso: é 2 bilhões de vezes mais viscoso que a pasta de amendoim, o que explica por que o alcatrão do professor Parnell demorou tanto para passar pelo funil.

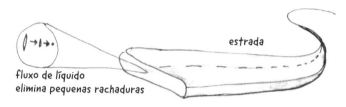

Como o fluxo de líquido dentro das estradas de asfalto permite que as rachaduras se regenerem.

O cheiro pungente característico do alcatrão provém de moléculas que contêm enxofre, um elemento geralmente associado a substâncias orgânicas com cheiro ruim. Quando você passa por engenheiros colocando uma nova superfície na estrada, vê e sente o cheiro do aquecimento do alcatrão, o que dá às moléculas mais energia para se mover e, assim, fluir. Mas a energia extra também permite que mais moléculas evaporem no ar, e assim o material se torna mais fedorento, da mesma forma que as bebidas se tornam mais aromáticas quando são aquecidas.

LÍQUIDO

Um líquido fétido pode parecer uma coisa idiota para construir uma estrada, mas os engenheiros adicionam pedras ao material, criando uma substância composta: parte líquida e parte sólida – semelhante, na verdade, à estrutura da manteiga de amendoim, que é feita de muitos pedaços de amendoim moídos, todos unidos por um óleo. A força e a dureza das pedras suportam o peso dos veículos passando sobre o asfalto e também ajudam a estrada a resistir aos danos causados pela exposição. Rachaduras às vezes se abrem se as forças exercidas sobre a estrada forem muito grandes, mas isso acontece entre as pedras e o alcatrão que as une. É aí que a natureza líquida do alcatrão vem para o resgate: o alcatrão flui e volta a fechar essas rachaduras, permitindo que a estrada se conserte e dure muito mais do que uma superfície puramente sólida duraria.

Claro, como usuário da estrada, você terá notado que há um limite para suas propriedades autorreparadoras: as estradas acabam envelhecendo e começam a se desintegrar. A temperatura é parcialmente responsável por isso. Se a temperatura descer abaixo de, digamos, 20 °C, então o alcatrão líquido fica tão viscoso que não pode refluir e curar as rachaduras quando aparecem. Além disso, com o tempo, o oxigênio do ar reage com moléculas na superfície do alcatrão e altera suas propriedades, tornando-o cada vez mais viscoso e cada vez menos capaz de fechar as rachaduras. Com o tempo, a camada superior da estrada mudará de cor e se tornará menos fluida, assim como sua pele se torna menos flexível e mais seca com a idade. É quando você verá pequenos buracos se formarem, e, a menos que sejam consertados, eles vão crescer e crescer até destruir completamente a superfície da estrada.

Um exemplo: minha viagem no ônibus do aeroporto para o hotel. Assim que chegamos na cidade, ficamos presos em um engarrafamento causado pelo fechamento de faixas devido ao recapeamento da estrada. O ônibus se arrastava enquanto três pistas convergiam para uma – pela minha estimativa, andamos menos de dois quilômetros em trinta minutos. Eram duas da manhã de acordo com meu relógio biológico; eu estava cansado e precisava desesperadamente fazer xixi.

Não precisa ser assim. Ou, pelo menos, é o que nós, cientistas de materiais, esperamos. Cientistas e engenheiros no mundo todo estão desenvolvendo estratégias para aumentar a vida das estradas, reduzindo assim os engarrafamentos. Na Holanda, um grupo de engenheiros está estudando o efeito de incorporar minúsculas fibras microscópicas de aço ao alcatrão. Isso não altera muito as propriedades mecânicas da estrada, mas as torna mais fortes. Quando o material é exposto a um campo magnético alternado, as correntes elétricas fluem dentro das fibras de aço, aquecendo-as. O aço quente, por sua vez, aquece o alcatrão, tornando-o mais fluido localmente, permitindo que flua e cure quaisquer rachaduras. Essencialmente, estão sobrecarregando as propriedades autocurativas do alcatrão e também combatendo os desafios das temperaturas frias do inverno. A tecnologia está sendo testada em trechos de estradas na Holanda agora, usando um veículo especial que aplica um campo magnético à estrada enquanto dirige sobre ela. A ideia é que, no futuro, todos os veículos possam ser equipados com esse tipo de dispositivo, de modo que qualquer um que esteja dirigindo em uma estrada também estará revitalizando-a.

Outra maneira de lidar com a perda natural de fluidez do alcatrão é reabastecer seus ingredientes voláteis perdidos – as moléculas que o fazem fluir. A maneira mais fácil de fazer isso seria aplicar um tipo especial de creme na superfície da estrada – essencialmente um creme hidratante, como os que usamos em nossa pele. Uma versão mais sofisticada desse método está sendo testada por um grupo da Universidade de Nottingham, liderado pelo dr. Alvaro Garcia. Eles colocam microcápsulas de óleo de girassol no alcatrão. Elas permanecem intactas dentro do material até que se formem microrrachaduras, o que faz com que as cápsulas se rompam. O óleo, depois de liberado, aumenta localmente a fluidez do alcatrão e assim promove capacidades de fluxo e autorrecuperação. Os resultados de seus estudos mostram que as amostras de asfalto rachado são restauradas totalmente dois dias após a aplicação do óleo de girassol. Essa é uma melhoria considerável. Estima-se que isso tenha potencial para aumentar a vida útil de uma estrada de doze para dezesseis anos com apenas um aumento marginal no custo.

Em nosso grupo de pesquisa no Institute of Making, estamos trabalhando em tecnologias que podem ajudar a reparar eficientemente o asfalto quando as rachaduras já se tornaram maiores: iniciamos a impressão em 3D do alcatrão.

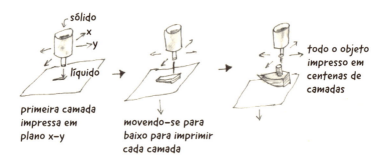

O processo de impressão 3D. Uma impressora converte um sólido em um líquido (muitas vezes por aquecimento) e esguicha em um padrão predeterminado em um plano x-y. Depois de estar resfriado, isso cria uma única camada sólida. Em seguida, a plataforma de impressão é movida para baixo e outra camada em um padrão diferente é impressa. Imprimir centenas de camadas dessa maneira cria um objeto inteiro.

A impressão 3D é uma maneira relativamente nova de fazer e reparar objetos. Milhares de anos atrás, a impressão foi inventada na China como um processo de transferência de tinta para uma página por um bloco de impressão em madeira. O resto do planeta a adotou e inovou, gerando um mundo de livros, jornais e revistas – uma revolução da informação. Mas tudo isso é impressão 2D.

A impressão 3D dá um passo à frente: em vez de imprimir uma camada fina e bidimensional de tinta líquida em uma página, a impressão 3D permite a criação de várias camadas bidimensionais de líquido uma sobre a outra, cada uma se solidificando antes que a próxima seja aplicada, construindo um objeto em 3D.

Claro, você não precisa de tinta para fazer uma impressão 3D. Pode usar qualquer material que possa transformar de líquido em sólido. É só olhar para as abelhas. É exatamente assim que elas fazem seus extraordinários favos de mel hexagonais. Quando têm entre doze e vinte dias de idade, as abelhas operárias desenvolvem uma glândula especial para converter o mel em flocos de cera macia. Elas mastigam a cera e a depositam camada por camada para fazer o favo de mel. As vespas usam o mesmo truque para fazer seus ninhos, mastigando fibras de madeira e misturando-as com saliva para criar casas de papel para suas larvas.

A tecnologia de impressão 3D dos humanos está agora alcançando as abelhas e as vespas. Os plásticos, por exemplo, podem ser esguichados de uma impressora, camada por camada, para criar objetos sólidos ainda mais complexos que os favos de mel. Os objetos podem até mesmo ser impressos em 3D com partes móveis, uma técnica usada na medicina para criar próteses com articulações funcionais, todas feitas em uma peça, a baixo custo. A impressão 3D também pode ser usada para criar materiais biológicos. Em 2018, cientistas chineses realizaram os primeiros testes clínicos para criar ouvidos substitutos para crianças que sofrem de deformidades de nascença. Fizeram isso usando o próprio tecido celular das crianças e as impressoras 3D para criar a base para que as células se transformassem em orelhas.

As abelhas usavam impressão 3D para construir seus favos de mel muito antes que os seres humanos descobrissem a técnica.

A impressão 3D também funciona para metais. A empresa holandesa MX3D está usando a impressão 3D para fazer pontes de aço, agregando aço fundido gota a gota, confiando em técnicas emprestadas da tecnologia de soldagem. Outra técnica para a impressão 3D de objetos de metal é usar um laser de alta potência que derrete pós de metal e os une. Esse processo está sendo usado para fazer de tudo, de joias de ouro a peças de motores a jato. Uma das principais vantagens dessa técnica é que é fácil fazer coisas vazias, o que economiza peso e material. Os objetos são cada vez mais projetados para ter artérias, permitindo que o líquido refrigerador, lubrificantes ou mesmo combustíveis fluam através deles. Em essência, esse design imita nossos corpos – somos parte carne sólida e parte líquido. Nosso sangue fornece nutrientes através de nossos sistemas circulatório e arterial, que também fornecem proteínas e outros ingredientes moleculares para partes do nosso corpo que estão machucadas, permitindo que criem novas células para substituir as danificadas em nossa pele, cérebro, fígado, rins, coração, entre outros. Esse é outro aspecto da natureza que podemos agora imitar graças à impressão 3D, potencialmente permitindo que a tecnologia dure mais tempo, se autorrepare e, portanto, seja mais sustentável.

O subproduto, é claro, da dependência do corpo de fluidos circulantes é que ele cria resíduos que também precisam ser ejetados. Livrar-me de um pouco de líquido era a primeira coisa em minha mente quando saí do ônibus em frente ao meu hotel em San Francisco: eu ainda precisava muito fazer xixi. Fiquei pulando de um pé para o outro durante o check-in e então corri para o meu quarto, quase me molhando enquanto passava momentos frustrantes passando e repassando meu cartão pela fechadura da porta até enfim conseguir abri-la. Então, oh, o alívio!

O prazer de um banheiro de quarto de hotel vai muito além da possibilidade de poder fazer xixi à vontade. É o lugar onde vamos nos limpar, nos revigorar e nos deleitar. E tudo depende da disponibilidade de um fluxo livre de água limpa. A maioria das pessoas nos países desenvolvidos considera isso algo óbvio porque quase nenhuma das infraestruturas que distribuem nossa água e removem nossos resíduos é visível. Mas elas estão lá, uma rede vital de nossas cidades, e surpreendentemente cara de manter, mesmo em lugares como San Francisco, onde a água é tão abundante. Manter os resíduos contidos e limpá-los para que possam ser devolvidos aos nossos rios e mares sem poluí-los exige muitas máquinas de filtragem, tanques de decantação e unidades de reprocessamento. Tudo isso custa dinheiro e energia. Quanto menos você quiser que o efluente polua os ecossistemas, mais isso vai custar, e mais água será necessária para diluir o que estiver saindo das usinas de

LÍQUIDO

reprocessamento. Então, lidar com as águas residuais de máquinas de lavar louça, máquinas de lavar roupa, chuveiros, banheiras e banheiros de uma cidade do tamanho de San Francisco não é fácil. O abastecimento de água potável também precisa vir de algum lugar, o que exige mais filtros, bombeamento e monitoramento. Toda vez que a água passa pelo circuito, de limpa a suja e vice-versa, isso custa energia e cria um impacto ambiental por meio da criação de produtos residuais.

As fábricas também usam grandes quantidades de água, e assim, ao comprar a maioria dos produtos, você também está aumentando sua chamada "pegada hídrica". Você pode ser alguém que só toma banho duas vezes por semana e usa um vaso sanitário de descarga baixa, mas é provável que sua pegada hídrica ainda seja substancial. Estima-se que a pegada hídrica média dos norte-americanos para os bens que compram e usam apenas uma vez seja de 583 galões por dia, graças a produtos que consomem muita água, como papel, carne e têxteis. Mesmo atividades aparentemente mundanas, como comer um hambúrguer, ler o jornal e comprar uma camiseta têm um grande impacto na pegada hídrica de uma pessoa. Por isso havia uma placa no banheiro do hotel avisando que a água é um recurso valioso e me incentivando a não pedir toalhas novas todos os dias.

Como a população mundial aumentará para 10 bilhões nas próximas décadas, estima-se que o acesso à água potável passe a ser uma luta em muitas partes do mundo. Atualmente, 1 bilhão de pessoas não possuem acesso a água potável e um terço da população mundial sofre de escassez ao longo do ano. Sem acesso a água limpa, podemos esperar um aumento da pobreza, da desnutrição e da disseminação de doenças. Deve-se enfatizar que essa questão afeta tanto grandes cidades quanto comunidades rurais. Por exemplo, a cidade brasileira de São Paulo viveu uma grave escassez de água em 2015, quando a continuidade da seca esvaziou seu principal reservatório. No pior momento da crise, estimava-se que a região metropolitana, com uma população de 21,7 milhões de pessoas, tivesse apenas vinte dias de água sobrando. Muitas outras megacidades globais enfrentam problemas semelhantes impostos por variações climáticas, aumentos nas populações e, conforme a riqueza aumenta, uma maior pegada hídrica por pessoa.

Embora obviamente todos dependam da água, também dependemos de outros líquidos para uma sociedade sustentável e saudável. Alguns destes são surpreendentes. Por exemplo, vidro líquido. Muito da nossa comida e bebida é preservado e transportado em vidro. É um ótimo material para isso. Sendo quimicamente inerte, ele não reage com o conteúdo da garrafa ou do frasco, então os produtos duram mais tempo. Mas o vidro quebra e, quando isso acontece, precisa ser derretido novamente em líquido para ser transformado em outro recipiente. Isso vem acontecendo há milhares de anos: um sistema circular que nos permite reutilizar os resíduos.

O vidro, como material para alimentos e bebidas, tem suas desvantagens: é denso, então transportá-lo pelo mundo custa muita energia. Reconstruí-lo também requer muita energia, porque tem um ponto de fusão muito alto. Por causa desses dois fatores, em um mundo alimentado em grande parte por combustíveis fósseis, os recipientes de vidro acabam exacerbando os problemas causados pelas mudanças climáticas.

Daí a mudança no século XX para embalagens plásticas, que são mais leves e flexíveis e exigem muito menos energia para se transformarem em novas embalagens. Isso na teoria, pelo menos. A realidade é um pouco diferente. Muitas, muitas embalagens plásticas diferentes foram desenvolvidas, cada uma incrível em sua capacidade de preservar e embalar alimentos, líquidos, eletrônicos

LÍQUIDO

e muito mais. O que ninguém pensou foi o que aconteceria se esses plásticos fossem todos coletados, reciclados e fundidos juntos. A mistura cria um plástico inferior incapaz de realizar as mesmas coisas que os originais, porque as moléculas de hidrocarbonetos individuais que compõem um plástico típico ligam-se quimicamente entre si de maneiras específicas. Essa ligação cria estruturas particulares dentro do plástico que determinam sua força, sua elasticidade e sua transparência. Se você derreter diferentes plásticos, acaba com uma bagunça. Assim, os plásticos precisam ser cuidadosamente desfeitos para serem utilizáveis novamente. Como existem mais de duzentos plásticos em uso comum, e um grande número de itens no mercado está embalado com dois ou três tipos diferentes, em um arco-íris de cores, a separação de plásticos se tornou uma tarefa cara. Ainda não encontramos uma maneira de liquefazê-los para criar um sistema sustentável.

Infelizmente, no mundo todo, a maioria das embalagens plásticas não é reciclada, fato que está criando um desastre ambiental. Nossos aterros estão transbordando de plásticos e, como as embalagens plásticas são projetadas para serem leves, são facilmente transportadas pelo vento. E como os plásticos flutuam, quando aterrissam em um rio, acabam nos mares e oceanos, contaminando esses ecossistemas. Isso está acontecendo a um ritmo cada vez maior. Nas taxas atuais, estima-se que até 2050 haverá mais plástico nos oceanos do que peixes.

Não há uma resposta fácil para o problema da embalagem plástica. O uso do vidro, como já mencionado, requer muita energia, um uso que, a menos que seja gerado com fontes renováveis, é insustentável. O papel é outro substituto possível, mas sua produção é mais intensiva em termos de energia e água que a do plástico. Usar menos embalagens é uma possibilidade atraente. Mas, como a maior parte da agricultura e da manufatura é altamente intensiva

264

no uso da água, se menos embalagem levar a mais desperdício, então, de maneira geral, isso poderia facilmente levar a mais pressão sobre o abastecimento global de alimentos e água. Assim, descobrimos que o problema do sistema de embalagens sustentáveis completou um círculo inteiro, como acontece geralmente com as coisas que dependem de líquidos.

Então eu estava esperando muito daquela conferência sobre tecnologia sustentável, tanto que tinha voado 8 mil quilômetros para participar. Será que os participantes estariam interessados em nosso trabalho sobre a autorreparação de cidades e a impressão de alcatrão em 3D, ou a discussão estaria focada em maneiras mais baratas de dessalinizar água ou criar embalagens sustentáveis? De qualquer maneira, eu sabia que entender o comportamento dos líquidos seria essencial. Olhei para o relógio. A palestra de abertura da conferência iria começar logo. Joguei um pouco de água no rosto para afastar meu *jet lag* e desci as escadas para o centro de convenções.

Quando cheguei lá, vi algo que não esperava: Susan, caminhando para o palco. Meus olhos quase saltaram do meu rosto. Aquela pessoa que eu conhecia tão bem – tendo passado onze horas sentado ao lado dela – era engenheira. E não uma engenheira qualquer, mas a oradora principal da reunião da qual eu havia voado meio mundo para participar. Ela falou de forma brilhante e abrangente sobre os complexos desafios globais de sustentabilidade que enfrentamos. Mas na verdade achei difícil me concentrar, porque estava furioso comigo mesmo por não ter falado com ela no avião.

Depois da apresentação de Susan, não pude resistir a ir falar com ela. Tive que esperar na fila enquanto ela conversava pacientemente com as outras pessoas que se aglomeravam ao seu redor. Quando chegou a minha vez, sorri e tentei parecer legal, falando:

LÍQUIDO

"Ótima palestra." Ela olhou para mim, intrigada por um segundo, aparentemente tentando se lembrar de onde me conhecia, mas logo a ficha caiu. "Imagino que queira sua caneta de volta", disse ela.

Epílogo

Como espero que o relato da minha viagem de Londres a San Francisco tenha mostrado, um voo de avião é possível e delicioso por conta de nossa compreensão e de nosso controle de uma grande quantidade de líquidos, do querosene ao café, do epóxi aos cristais líquidos. Há muitos líquidos que não mencionei, mas não estava tentando ser abrangente. Em vez disso, tentei pintar uma imagem da nossa relação com os líquidos, algo que há milhares de anos estamos tentando entender com esse estado de matéria sedutor, mas sinistro, refrescante apesar de viscoso, vivificante mas explosivo, delicioso e venenoso. Até agora temos conseguido, em grande parte, aproveitar o poder dos líquidos, protegendo-nos de seus perigos (apesar dos tsunamis e do aumento do nível do mar). Olhando para a frente, meu palpite é que nosso futuro será tão cheio de líquidos quanto o nosso passado, mas nossa relação com eles se aprofundará.

Os remédios, por exemplo. A maioria dos exames médicos exige uma amostra de sangue ou saliva, que os médicos usam para diagnosticar doenças ou monitorar a saúde. Esses testes quase

LÍQUIDO

sempre precisam ser feitos em um laboratório e são demorados e caros. Eles também exigem uma visita a um médico ou hospital, o que nem sempre é possível, especialmente em países onde os recursos médicos são escassos. Mas é provável que uma nova tecnologia chamada *lab-on-a-chip* possa mudar tudo isso, inaugurando um futuro no qual os diagnósticos são realizados em casa, quase instantaneamente e a baixo custo.

A tecnologia *lab-on-a-chip* permite que você tire pequenas amostras de seus próprios fluidos corporais e coloque-os em uma pequena máquina que examina sua composição bioquímica. Esses *chips* processam líquidos da mesma maneira que os microprocessadores de silício processam informações digitais. Seu sangue, ou qualquer outro fluido, é direcionado para uma série de tubos internos microscópicos, que podem desviar gotículas em diferentes direções, para diferentes tipos de análise. Esses *chips* ainda estão sendo desenvolvidos, mas esteja preparado para ouvir cada vez mais sobre eles nos próximos anos. Com o potencial de diagnosticar tudo, de doenças cardíacas a infecções bacterianas e até o câncer em estágio inicial, eles provavelmente estarão na vanguarda de uma revolução tecnológica médica semelhante à que vimos na indústria de TI – mas, dessa vez, a revolução será líquida.

Para que a tecnologia *lab-on-a-chip* funcione, ela precisa ter um mecanismo que permita mover e manipular pequenas gotas de líquido. Organismos biológicos, claro, são especialistas nisso. Vá a um jardim durante uma chuva e verá folhas repelindo a água com tanta eficácia que as gotas de chuva quicam. As folhas de lótus, por exemplo, são conhecidas há muito tempo por essa propriedade super-hidrofóbica, mas ninguém sabia o porquê até recentemente, quando os microscópios eletrônicos revelaram algo estranho em sua superfície. Como se suspeitava, elas são revestidas por um material de cera que repele a água, mas, surpreendentemente, esse material está disposto na superfície na forma de bilhões de pequenas protuberâncias microscópicas. Quando uma gota de água fica nessa superfície encerada, ela tenta minimizar sua área de contato devido à alta tensão superficial entre eles. As protuberâncias na folha de lótus aumentam muito essa área encerada, obrigando a gota a se equilibrar precariamente nas pontas das saliências. Nesse estado, a gotícula fica móvel e desliza rapidamente da folha, coletando pelo caminho pequenas partículas de poeira, funcionando como um miniaspirador de pó: um segredo da folha de lótus para permanecer brilhante e limpa.

Manipular superfícies de material para torná-las super-hidrofóbicas provavelmente se tornará um grande negócio nos próximos anos. Isso nos permitirá não apenas orientar as gotículas por meio do funcionamento interno de uma tecnologia *lab-on-a-chip*, mas também fazer muitas outras coisas. Seremos capazes, por exemplo, de impedir que a água grude nas janelas, mantendo-as tão limpas quanto uma folha de lótus. Poderemos também desenvolver roupas à prova d'água que colhem o que cai sobre elas levando através de pequenos tubos para uma bolsa de coleta para que possa ser bebida mais tarde. Esse projeto é inspirado pelo lagarto diabo-espinhoso, que se hidrata coletando toda a água da chuva que cai em sua pele e manipulando-a através de minúsculos canais usando o fluxo capilar.

O potencial dessa tecnologia de coleta de água para bilhões de pessoas sem acesso a suprimentos regulares de água potável é enorme, especialmente se também conseguirmos dominar a filtragem barata de água. Um novo material em potencial para fazer isso chama-se óxido de grafeno. É uma camada bidimensional de átomos de carbono e oxigênio. Na forma de uma membrana, atua como uma camada de barreira para a maioria dos tipos de moléculas químicas, mas permite facilmente a passagem de moléculas de água. Então é como uma peneira molecular. Potencialmente, poderia produzir um filtro de água muito eficaz e barato, que tornaria a água do mar potável.

O lagarto diabo-espinhoso coleta a água através de sua pele usando materiais hidrofóbicos e fluxo capilar.

Como sabemos, a água é uma substância que dá vida, e é geralmente aceito que a presença de água líquida foi o que permitiu que a vida na Terra evoluísse de estruturas químicas muito básicas para as células complexas das quais somos feitos. Mas isso ainda é uma hipótese, não temos certeza absoluta de como isso aconteceu. Cientistas do mundo todo estão fazendo experimentos na tentativa de recriar as condições químicas que estavam presentes quando a vida evoluiu na Terra, 4 bilhões de anos atrás. Parece mais provável, neste momento, que a vida tenha se originado no fundo dos nossos oceanos profundos. Lá, as aberturas térmicas criam uma sopa química complexa com muitos dos ingredientes que encontramos em nossas células. À medida que o século XXI avança, explorar essas regiões e o mar profundo em geral será uma importante fronteira para nós. É de fato estranho que saibamos menos sobre o fundo dos nossos próprios oceanos do que sabemos sobre a superfície da Lua.

Se as profundezas do oceano são nossa próxima fronteira física, eu diria que temos duas outras computacionais no horizonte, ambas dependentes de líquido. Células e computadores computam informações, mas de maneiras completamente diferentes. As células funcionam e se reproduzem computando as informações armazenadas no DNA por meio de reações químicas. Computadores baseados em silício, no entanto, leem *chips* que contêm bilhões de transistores sólidos que reagem a sinais elétricos recebidos transcritos de um programa de computador. Os sinais são comunicados por uma série de 1s e 0s, a linguagem binária dos computadores digitais. Os transistores aplicam a lógica ao fluxo de 1s e 0s, computando as respostas novamente na forma de 1s e 0s e movendo-as para outra parte do *chip* de computador. Pode até parecer muito básico, mas fazer bilhões de cálculos simples por segundo permite que uma computação sofisticada seja realizada – o tipo que supera os grandes mestres do xadrez e calcula a trajetória de um foguete até a Lua.

Quando as células calculam coisas, usam reações químicas em vez de transistores para fazer isso. Em vez de 1s e 0s, elas calculam e se comunicam com moléculas. Não há transistores ou fios, apenas reações químicas no estado líquido nadando no interior das células. Essas reações químicas acontecem de forma incrivelmente rápida e simultânea em toda a célula, tornando esse sistema de computação paralelo extremamente eficiente. As moléculas envolvidas também são muito pequenas – é possível haver um sextilhão de moléculas (1.000.000.000.000.000.000.000) em uma única gota de líquido, uma fonte potencialmente colossal de energia e memória computacional.

LÍQUIDO

Os cientistas estão tentando imitar esse processo usando o DNA para criar um computador líquido. O trabalho está se desenvolvendo rapidamente, especialmente porque as formas de manipular o DNA e fazer cálculos em tubos de ensaio estão se tornando cada vez mais sofisticadas e prontamente disponíveis. Em 2013, os pesquisadores atingiram um grande marco: conseguiram armazenar os dados de uma fotografia digital em um líquido e depois recuperá-los. Isso abre a porta para todo um novo paradigma da computação – no futuro, será possível armazenar todos os seus dados em uma única gota de líquido.

A computação líquida é o primeiro dos incríveis sistemas computacionais que estão em desenvolvimento. O segundo é a computação quântica, que se baseia nas versões quânticas dos 1s e 0s binários – o que significa que uma informação é armazenada no computador como "1" *e* como "0" até que uma computação seja concluída. A computação quântica tira proveito das regras da mecânica quântica, que permitem que todos os resultados possíveis de um evento existam simultaneamente. Assim, todas as respostas possíveis para um problema podem ser computadas de uma só vez, acelerando enormemente os cálculos. Já existem máquinas que podem fazer isso, mas ainda são bastante rudimentares. Uma coisa é certa, porém: elas exigem temperaturas muito baixas para funcionarem, temperaturas que só podem ser obtidas com a ajuda de um líquido muito especial: o hélio líquido.

O hélio é um gás até ser resfriado a -269 °C; a essa temperatura, que é apenas 4,15 °C acima do zero absoluto, transforma-se em líquido. Felizmente, já temos uma ideia de como trabalhar com o hélio líquido graças a equipamentos hospitalares. Se você já teve uma lesão no cérebro, no quadril, no joelho ou no tornozelo, ou foi diagnosticado com câncer, provavelmente fez uma ressonância magnética. Mas sem o hélio líquido superfrio, essas ferramentas de diagnóstico, vitais em todos os hospitais modernos, simplesmente deixariam de funcionar. As temperaturas frias do hélio líquido são o que torna possível que as máquinas de ressonância magnética detectem com segurança pequenas alterações nos campos magnéticos dentro do corpo humano e, assim, possam mapear nossos órgãos internos. Infelizmente, embora o hélio seja um dos elementos mais abundantes no universo, é bastante raro na Terra. A escassez hospitalar de hélio líquido é agora bastante comum e os suprimentos muitas vezes acabam. Como resposta, os geólogos estão constantemente prospectando novas fontes de hélio na crosta terrestre (geralmente encontradas no gás natural), mas, devido à sua crescente importância, os preços dessa substância crucial aumentaram 500% nos últimos quinze anos.

Apesar de muito útil, o hélio líquido é, também, bastante indisciplinado. Ele funciona muito bem para resfriar máquinas de ressonância magnética a -269 ºC, mas esfrie mais alguns graus até -272 ºC e ele entra no que chamamos de estado superfluido. Nesse estado, todos os átomos no líquido ocupam um único estado quântico, o que equivale a dizer que todos os bilhões e bilhões de moléculas de hélio agem como se fossem uma única molécula, dando ao líquido poderes estranhos – não tem viscosidade, por exemplo, e fluirá espontaneamente para fora de um contêiner. Poderá até mesmo fluir através de materiais sólidos, encontrando seu caminho através das imperfeições de tamanho atômico do objeto, sem qualquer resistência.

A essa altura do livro, espero que esse tipo de comportamento não seja tão surpreendente para você. Os líquidos têm uma dualidade: não são nem gás nem sólido, mas algo intermediário. São empolgantes e poderosos, por um lado, ao mesmo tempo que são anárquicos e um pouco aterrorizantes por outro. Essa é a natureza deles. No entanto, nossa capacidade de controlar líquidos tem produzido um impacto positivo para a humanidade, e minha aposta é que, no final do século XXI, olharemos para os diagnósticos médicos de *lab-on-a-chip* e para a dessalinização barata de água como grandes avanços que possibilitaram expectativas de vida mais longas e impediram migrações em massa e conflitos. Até lá, também espero que tenhamos dado adeus à queima de combustíveis fósseis e, em particular, ao querosene. Esse líquido nos deu de presente as viagens globais baratas, os feriados ensolarados e muitas aventuras emocionantes, mas seu papel no aquecimento global é grande demais para ser ignorado. Que líquido vamos inventar para substituí-lo? Seja o que for, suspeito que teremos um ritual de segurança antes do voo. Talvez não envolva mais coletes salva-vidas, máscaras de oxigênio e cintos de segurança – mas sempre precisaremos de cerimônias para celebrar o poder perigoso e delicioso dos líquidos.

Leitura complementar

Ball, Philip. *Bright Earth: Art and the Invention of Colour.* Vintage Books, 2001.

Faraday, Michael. *A história química de uma vela.* Contraponto, 2009.

Fisher, Ronald. *The Design of Experiments.* Oliver and Boyd, 1951.

Jha, Alok. *The Water Book.* Headline, 2016.

Melville, Herman. *Moby Dick.* Ciranda Cultural, 2017.

Mitov, Michel. *Sensitive Matter: Foams, Gels, Liquid Crystals, and Other Miracles.* Harvard University Press, 2012.

Pretor-Pinney, Gavin. *Guia do observador de nuvens.* Intrínseca, 2008.

Roach, Mary. *Gulp: Adventures on the Alimentary Canal.* Oneworld, 2013.

LÍQUIDO

Rogers, Adam. *Proof: The Science of Booze*. Mariner Books, 2015.

Salsburg, David. *Uma senhora toma chá: como a estatística revolucionou a ciência no século XX*. Zahar, 2009.

Spence, Charles e Piqueras-Fiszman, Betina. *The Perfect Meal: The Multisensory Science of Food and Dining*. Wiley-Blackwell, 2014.

Standage, Tom. *História do mundo em 6 copos*. Zahar, 2005.

Vanhoenacker, Mark. *Skyfaring: A Journey with a Pilot*. Chatto & Windus, 2015.

Agradecimentos

Agradeço sinceramente aos meus editores, Daniel Crewe e Naomi Gibbs, por serem tão pacientes, apoiadores e criticamente incisivos, e por aguentarem minha obsessão com as instruções de segurança pré-voo.

Eu trabalho no Institute of Making com uma equipe de cientistas, artistas, criadores, engenheiros, arqueólogos, designers e antropólogos. Todos me ajudaram de alguma forma a fazer este livro. Quero agradecer a toda a equipe pela amizade e pelo apoio: Zoe Laughlin, Martin Conreen, Ellie Doney, Sarah Wilkes, George Walker, Darren Ellis, Meunier Romain, Necole Schmitz, Elizabeth Corbin, Sara Brouwer, Beth Munro e Anna Ploszjaski.

O Institute of Making faz parte da UCL, uma universidade que fomenta o ensino e a pesquisa em várias disciplinas. Há muitos colegas que tornam o local intelectualmente vibrante, e quero agradecer em particular a: Buzz Baum, Andrea Sella, Guillaume Charras, Yiannis Ventikos, Mykal Riley, Mark Lythgoe, Helen Czerski, Rebecca Shipley, David Price, Nick Tyler, Matthew Beaumont, Nigel Titchener-Hooker, Marc-Olivier Coppens, Paola Lettieri,

Anthony Finkelstein, Polina Bayvel, Cathy Holloway, Richard Catlow, Nick Lane, Aarathi Prasad, Manish Tiware, Richard Jackson, Mark Ransley e Ben Oldfrey.

O Reino Unido tem uma comunidade de cientistas e engenheiros particularmente estimulante da qual tem sido um prazer participar por tantos anos. Sou grato pelo apoio especialmente de Mike Ashby, Athene Donald, Molly Stevens, Peter Haynes, Adrian Sutton, Chris Lorenz, Jess Wade, Jason Reese, Raul Fuentes, Phil Purnell, Rob Richardson, Iain Todd, Brian Derby, Marcus Du Sautoy, Jim Al-Khalili, Alom Shaha, Alok Jha, Olivia Clemence, Olympia Brown, Gail Cadrew, Suze Kundu, Andrés Tretiakov, Alice Roberts, Greg Foot, Timandra Harkness, Gina Collins, Roger Highfield, Vivenne Parry, Hannah Devlin e Rhys Morgan.

Gostaria de agradecer especialmente àqueles que comentaram o livro quando ele tomou forma: Ian Hamilton, Sally Day, John Comis, Rhys Phillips, Clare Pettit e Sarah Wilkes. Andrea Sella, Philip Ball, Sophie Miodownik, Aron Miodownik, Buzz Baum e Enrico Coen leram rascunhos completos do livro e me deram um *feedback* extremamente útil.

Gostaria de agradecer ao meu agente literário, Peter Tallack, o primeiro a acreditar no livro, e a toda a equipe da Penguin Random House pela ajuda com o processo de produção.

Sou muito grato a Lal Hitchcock, George Wright e Diane Storey, por todo o apoio e pelos maravilhosos dias juntos em Dorset enquanto eu escrevia este livro.

Gostaria de agradecer a meus filhos, Lazlo e Ida, por compartilharem seu entusiasmo ilimitado pelos líquidos e por me ajudarem com a divertida fase experimental deste livro.

E, finalmente, gostaria de agradecer ao meu amor, Ruby Wright, por ser minha editora-chefe e minha inspiração criativa.

Créditos das imagens

p. 29: Patinador de lagoa. Copyright © Alice Rosen

p. 33: *A captura de um cachalote*, por John William Hill (1835). Copyright © Yale University Art Gallery

p. 35: Refinaria de petróleo. Copyright © Kyle Pearce

p. 57: Vinho tinto em um copo. Fotografia do autor

p. 69: O autor em Forty Foot, em Dublin. Fotografia do autor

p. 79: A chegada de um tsunami. Copyright © David Rydevik

p. 90: Formiga presa em âmbar. Copyright © Anders L. Damgaard

p. 101: Cadeira de madeira compensada Eames. Copyright © Steven Depolo

p. 111: *Secret Lemonade Drinker*. Copyright © Ruby Wright

p. 125: Almoço de companhia aérea. Fotografia do autor

p. 142: Uma plantação de chá. Copyright © Holy Wiz

LÍQUIDO

p. 144: Liquid Instant Tea. Fotografia do autor

p. 153: Torrando café usando uma pistola de ar quente. Fotografia do autor

p. 158: Cafeteira italiana. Fotografia do autor

p. 208: Um fragmento do papiro do *Livro dos Mortos do Ourives Amon*, Sobekmose (1500-1480 a.C.). Copyright © Brooklyn Museum

p. 254: Experimento da gota da Universidade de Queensland. Copyright © Universidade de Queensland

p. 260: Abelhas construindo favo de mel. Copyright © Frank Mikley

p. 270: Lagarto diabo-espinhoso. Copyright © Bäras

Todas as ilustrações desenhadas à mão são cortesia do autor.

280

Índice remissivo

abelhas 259-260
absorção 28, 30, 32, 86
ácido fluorídrico 18-19
ácido fórmico 52
ácido láurico 180-181
ácido perclórico 18
adesivo de cianoacrilato 105
adstringência 54-55
agentes de coloração 207
água 14-17
  acesso global a água potável 261
  água da torneira 146
  capacidade térmica 69-70
  chuva *ver* chuva
  chuva ácida 230
  condensação 224
  contaminada/envenenada 79, 82, 228-230
  conteúdo mineral 146
  desidratação 61

  deslocamento 64
  dessalinização 274
  destilado 147
  e a evolução da vida 270
  e entropia 223-224
  e óleo 165-168
  escassez/seca 226, 263
  e superfícies super-hidrofóbicas 268-269
  e usinas de reprocessamento 261
  filtração 269
  flutuação sobre 63-67
  gosto 146
  incompressibilidade 17
  lagos 73-74
  moléculas 49, 67-69, 73, 105-106, 165, 222-225, 233, 245
  nadar em 66-72
  nas nuvens 221-223
  ondas *ver* ondas
  ondulações 73

LÍQUIDO

para resfriamento de usinas nucleares 80

pegada 262

plantas puxando água 30

profundo *ver* oceanos e mares

tecnologia de coleta 269-270

vapor 105, 232

alcatrão 20, 36, 254-258

com fibras de aço 257

experimento da gota de piche 254

impressão 3D 258-259

misturado com pedras *ver* asfalto

álcool 19, 47-55, 57-61

como calmante 51

como lubrificante social 53

como relaxante 53

destilado 48, 51-53

e bafômetros 51

e biocombustíveis 48

e cachorros 50

e o cérebro 51

e o coração 51

e o fígado 51-52

e os rins 52, 61

e perfumes 51-53

etanol 49-52, 55, 57

formas baratas e perigosas 53

mash 52

metanol 49, 52-53

processo de fermentação 52

puro 48

vinho *ver* vinho

alimentos condimentados 134

almíscar 52

alumínio 101-102, 236

âmbar 90

amilase 125

amônia 69, 187-189

Antártida 198, 242-243, 250

anticongelante 53

Antígua 246, 248

aquecimento global 44, 82, 194, 242-244, 274

ar-condicionado 186, 193-195, 201

e a pressão do ar de um avião 202

e o aquecimento global 194

propriedade de desumidificação 193

areia movediça 216

Argand, Ami 31

Arquimedes 64-65

asfalto 254-256, 258

forma antiga de 25

ataque terrorista de 11 de setembro 40, 227

avião

combustível *ver* querosene

design de materiais 100-104, 236

e raios 222, 235-236

motores a jato 23, 31, 40, 43

Baekeland, Leo 98

bafômetros 51

banho 169

banhos públicos 169

batom 251

bebidas

água da torneira 146

alcoólicas *ver* álcool

com cafeína *ver* café; chá

Beecher, Henry Ward 171
Bic 219
biocombustíveis 48
Bíró, László 213, 217, 219
bombardeiro de Havilland
Mosquito 100
borracha 94, 96
branqueadores óticos 173
Brasil 48
butano 35, 201

café 139, 151-156, 158-160
aroma 156
cafeteira italiana 158
consumo global 141
espresso 157-159
filtro 156
grãos 152-154
moagem 155
planta 151-152
prensa francesa 157-158
preparação 155-157
reação de Maillard 153
torrefação 152-154
turco 155
cafeína 143, 148, 151
bebidas *ver* café; Coca-Cola; chá
cafeteira italiana 157-158
café turco 155
calor latente 187, 233
camadas 109-110
campos magnéticos planetários 17, 240
canetas 205-211, 213-214, 217, 219
bambu 207
canetas-tinteiro 210-213, 218

e fluxo 206-207, 210-211
esferográfica/biro 206, 210, 214, 217, 219
pena 210
capacidade térmica 69-70
capsaicina 134
carbeto de tungstênio 196
carvão 33, 230, 237
celulares 16, 117, 212
telas de smartphones 117, 119-120
ceras 93-94
cérebro
e álcool 51
e construção de sabores 58
CFCs *ver* clorofluorcarbonos
chá 139-142, 144-145, 147-150, 160
chá preto 140, 143, 148
chá verde 142, 147
com leite 149-150
consumo global 141
Da Hong Pao 141, 145
espuma 147
fabricação e preparação 142-145, 147-150, 160
mistura 142
plantações 141-142
produtos Liquid Instant Tea 144
chuva 222, 225-226, 230-234, 250, 268-269
ácida 230
erosão 250
radioativa 231
Citogel 189
Clark, Leland C., Jr 200

LÍQUIDO

clorofluorcarbonos (CFCs) 191-192, 197

    esgotamento do ozônio pelos 197-198, 201

    freon 190, 192

    proibição do Protocolo de Montreal 198

clorometano 187

Coca-Cola 126, 141, 143-144

cocô 130

cola de casca de bétula 88-89

colágeno 91

colas animais 91

colas e adesivos 86-93, 96

    cianoacrilato 105

    colas animais 90-92

    descolar 87, 92-93, 105

    duas partes 99, 102-103

    epóxi 103-104, 236

    fita adesiva 96-98

    fita Gaffer 97-98

    polímero 103, 106

    resina de árvore 88-90

    supercola 105

    tintas *ver* tintas

combustível de aviação *ver* querosene

combustível nuclear 80-81

comer 124-125, 129, 132-136

    lubrificantes 124-125, 127-128

    ver também saliva

computadores 271-272

    líquido 272

    quântico 272

condensação 224

condicionadores de tecidos 173

coração 51

cozinha, panos de 30

cristais líquidos 20, 108, 112-113, 115-117, 121, 267

    4-ciano-4'-pentilbifenil 112

    polarizados 114-116

    telas de cristal líquido (LCDs) 115-120

culturas mesoamericanas 94

Dédalo 93

Derby, Brian 195

desidratação 61

desmatamento tropical 181

dessalinização 274

destilação 25, 34-36, 52

    recipientes 35

destruição da floresta tropical 181

detergentes 173-174, 176, 181-182

    biológicos e não biológicos 174

    com branqueadores óticos 173

diesel 37

Diesel, Rudolf 37

dinamite 38

díodos emissores de luz (LEDs) 115

diodos orgânicos emissores de luz (OLEDs) 119

dióxido de enxofre 187, 230

dispensadores tipo pump 164, 178, 182

DNA 197, 271-272

Drene 174

Drew, Richard 97

Dr. Strangelove 229

Eames, Charles 101

Eames, Ray 101

Edward I 237
efeito Marangoni 57
egípcios 91-92, 206-207
Einstein, Albert 186-190, 195, 201
Electrolux 189
embalagem 263-264
empolamento 75-76, 78
emulsões 168
   tintas 215-216
entropia 223-224
enzimas 174
epóxis 103-104, 236
erupção vulcânica 81, 246-249
   ver também lava
escala de nojo 134-135
escala de pH 126
espumas 17
   agentes antiespuma 173
   dispensadores 182
   e xampu 175-176
estearatos 166-167
etano 35
etanol 49-51, 57
experimento da gota de piche 254

favos de mel 259-260
fenóis 88-90, 98-99
   2-metoxi-4-metilfenol 88-89
   e formaldeído 98-99
   fenol aldeído 88
   fenol etílico 88
   polifenóis 143, 147
fenol etílico 88
fibra de carbono 102-104, 236
   com fibras condutoras de
   metal 236

fígado 51-52, 261
Fisher, Ronald: The Design of
Experiments 150
fita adesiva 96-98
fita Gaffer 97-98
fleuma 131
fluência 240, 244-246, 250, 254-255
fluidos corporais 124-137
   sangue *ver* sangue
   saliva *ver* saliva
   flutuação 63-67
fluxo 17
   e alcatrão 254-258
   e ares-condicionados 194-195
   e canetas 206-207, 210-211
   e estrutura molecular dos
   líquidos 28
   em estradas de asfalto 255-256
   e tinta 206-207, 211-213
   e viscosidade 214-215, 217
   fluência de sólidos 240, 244-246,
   250, 253-255
   geleiras 244-245
   não newtoniano 214-218
   newtoniano 214
   turbulento 195
fluxo newtoniano 214
folhas de lótus 268-269
folhas de madeira 92
formaldeído 52
   e fenol 98
Forty Foot, Dublin 67-69, 71-72
Franklin, Benjamin 235
freon 190, 192

Gagarin, Yuri 24

LÍQUIDO

Gamble, James 172
Garcia, Alvaro 258
gasolina 36
geladeiras 187-190, 192-194, 197, 201
gelatina 91
gel capilar 130
geleiras 243
   fluxo/fluência 244-245
   rebote pós-glacial 242-243
gelo
   Antártida 242-243
   camadas 242-243
   e aquecimento global 242-243, 244
   e os níveis do mar 242-244
   e placas tectônicas 242
   geleiras *ver* geleiras
gema de ovo 168
Gesner, Abraham 33
Godfrey, Andy 18
Gollan, Frank 200
goma arábica 89, 207
goma de acácia 89, 207
gregos antigos 15
Groenlândia 20, 241-244

Hamilton Watch Company 115
Havaí
   ilhas 248
hélio líquido 272-273
hipotermia 70-71
hormônios do estresse 136

Ícaro 93-94
impressão 3D 258-261
impressoras a jato de tinta 117

infecções 168, 170, 178
   e sabonete antibacteriano 179
   MRSA 178
Institute of Making 20, 258
interações líquido-sólido 29
isopreno 95

Japão 79-81, 141, 245, 249
   atividade vulcânica 249
   desastre da Usina Nuclear de Fukushima Daiichi 79, 81-82
   terremotos 79-80, 245
   tsunami 79-81, 245

ketchup 216
Krakatoa 248

lagarto diabo-espinhoso 269-270
lagos 73-74
lágrimas 136
lâmpadas a óleo 25-31, 36-37, 40
   fuligem de 207
   lâmpadas Argand com pavios em forma de manga 31
   querosene 37, 40
Landsteiner, Karl 200
lanolina 165
lauril éter sulfato de sódio 175, 180-181
lauril sulfato de sódio 175-176, 179
lava 81, 241, 247-249
lavanderia 172
   detergentes *ver* detergentes
   máquinas de lavar roupa 172, 174
   sabão em pó 171

lavar 168-170

   com sabão *ver* sabão

   com detergente líquido 176

   e limpeza 169-171

   máquinas de 172, 174

   para reduzir a chance de infecção 168, 170, 178

   sabão em pó 171

LCDs (telas de cristal líquido) 115-120

lecitina 168

LEDs *ver* diodos emissores de luz

leite 149-150

Leonardo da Vinci 210

ligação em fase líquida 196

limpeza 169-171

   ver também lavar

linóleo 111

   impressão em linóleo por Ruby Wright 111

liquefação 216-217

líquido de amido de milho 214

líquidos

   absorção 20, 28, 30, 32, 86

   destrutividade dos 14, 17-19 *ver também* líquidos explosivos; tsunamis

   diferença estrutural dos cristais e cristais líquidos 113

   escala de pH 126

   estrutura molecular 24, 28-29, 113

  explosivos 17-18, 23-44

   gases comprimidos como 187

   grudentos 85-86, 90, 106 *ver também* colas e adesivos; resinas

   incompressibilidade 17

indeléveis *ver* tinta

intoxicantes *ver* álcool

limpeza *ver* produtos de limpeza; detergentes; xampus; sabonete

lubrificante *ver* lubrificantes

metal líquido fundido envolvendo o núcleo da Terra 17, 239-240

não newtonianos 214-218

natureza anárquica dos 14, 273

parecendo sólidos 20, 239-249

permissões da segurança do aeroporto 39

propriedade de fluxo *ver* fluxo

refrescante *ver* bebidas

refrigeração *ver* refrigerantes

tensão superficial 20, 28-29, 32, 57, 73, 86, 97, 207, 218, 269

viscoelasticidade 129-130, 132

viscosidade 20, 25, 32, 37, 86, 90, 182, 214, 216-217

lubrificantes 54, 132, 135, 167, 260

   álcool como lubrificante social 19, 53

   para comer 124-125, 127-128*ver também* saliva

luz polarizada 114-116

madeira compensada 92, 99-102

maionese 127, 168

manteiga de amendoim 13-14, 255-256

máquinas de espresso 157-159

máquinas de ressonância magnética 272-273

Mar Morto 66-67

mares *ver* oceanos e mares

Marte 66, 240
Mauna Loa 248
menisco 29
mercúrio 15
metano 35
metanol 49, 52-53
Midgley, Thomas 190-191
Minnetonka 177
Minos 93
mirra 89
moléculas de hidrocarbonetos 35-36
   no álcool 49-50
   no óleo cru 36
   no querosene 24
molho para salada 129-130
   maionese 127, 168
montanhas 141, 237, 244-245, 250
   formação 241, 246
mostarda 168
motores a jato 23, 31, 40, 43, 260
MRSA (Staphylococcus aureus resistentes à meticilina) 178
muco de caracol 132
muco/mucinas 130-132
mudança climática 44, 82, 194
   e trilhas de condensação 226-228
   ver também aquecimento global
MX3D 260

nadar 66-72
   e hipotermia 70-71
neblina 237
nevoeiro 222, 236-238
Newton, Isaac 43, 117
Nightingale, Florence 170
nitroglicerina 14, 38-39

estrutura molecular 38-39
Nobel, Alfred 38
Nobel, Emil 38
núcleo da Terra 17, 239-240
nuvens 47, 193, 221-223
   brancura 228, 231-232
   chuva 225, 232-234
   cúmulo-nimbo (nuvens de tempestade) 225, 232-234
   e chuva ácida 230
   e chuva radioativa 231
   e queima de carvão 230
   e trilhas de condensação 226-228
   semeadura de nuvens 225-228

oceanos e mares 63-81
   aumento do nível com o aquecimento global 82, 242-244
   correntes globais em 63
   Mar Morto 67
   plásticos em 264
   ondas *ver* ondas
OLEDs *ver* diodos orgânicos emissores de luz
óleo(s)
   baleia 32, 172
   consumo global 45
   cru 34-35, 44
   e água 166-168
   e sabonetes 166-168
   linhaça 109, 111
   moléculas 166-167
   óleos essenciais 51
   oliva 24-27, 32
   palma 180-181
   parafina 33

querosene *ver* querosene

refinarias 35

tintas/quadros 109-110, 117

olfato 51, 55-56, 59

olíbano 89

ondas 71-79

empolamento 75-78

surfe 75-76

tsunami *ver* tsunami

ondulações 73

ooobleck 214

Operação Popeye 226

Orwell, George 144-148, 150-151

Ötzi (homem mumificado) 88

ouro 15-16

óxido de grafeno 269

ozônio 197-198, 201

Pacaya 246-248

panos de cozinha 30

papiro 207-208

parafina 33

Parker Pen 212

Parnell, Thomas 254-255

pasta de dente 130, 176

Patel, Merul 117

patinadores de lagoa 29

Pepys 210

perfluorcarbonos (PFCs) 16, 199-200

perfumes 51-53

persas 26

pesca de baleia 32-33

PFCs *ver* perfluorcarbonos

pimenta 134

pintura

camadas 109-110

cavernas 86-87, 109

óleo 109-110, 117

pontilhista 118

rupestre 86-87, 109

placas tectônicas 239, 241

e gelo 242

e montanhas 246

e terremotos 80, 241-242

plásticos 98

embalagens 263-264

nos oceanos 264

polifenóis 143, 147

polimerização 103, 106, 110-111

polímeros 95

cola de polímero 103, 106

pontilhismo 118

Popeye, Operação 226

Post-it 96

Priestley, Joseph 95

Procter & Gamble (P&G) 171-172, 174-175

Procter, William 172

produtos de limpeza

álcool em 53

detergentes 176

sabão *ver* sabão

sabão em pó 171

sabonetes líquidos 176-177

xampus *ver* xampus

protetor solar 197

Protocolo de Montreal 198

Pulsar Time Computer 115, 119

Qin Shi Huang 15

LÍQUIDO

querosene 24-25, 33-35, 37, 39, 41,
43-44, 274
   e a destruição das torres gêmeas
em 11 de setembro 40-41
   estrutura de moléculas de
hidrocarbonetos 24
   lâmpadas a óleo 37, 40

radicais livres 198
raios 222, 234-236
   condutores 234
   e aviões 222, 235
   mortes por 223, 234
Rasis 25-27, 31, 34-35
reação de Maillard 153
rebote pós-glacial 242-243
refrigerantes 187-189, 260
   hélio líquido 272-273
   ver também ar-condicionado;
geladeiras
Reinitzer, Friedrich 115
relógio-calculadora Casio 116-117
relógios digitais 116-117
resinas 88-90, 207
   das árvores 88-90, 207
   epóxi 103-104, 236
respiração líquida 16, 200-201
rins 52, 61
romanos 168

sabão 164-168, 170
   antibacteriano 179
   com modificadores e
hidratantes 181
   dispensadores de 164, 178, 182
   e gordura/óleo 166-168

   em barra 164, 172, 176, 178, 182
   estearatos 166-167
   Ivory 172
   líquido 164, 176-177, 179-182
   ver também detergentes
   moléculas 165
   resíduos 172
sabor 54-61
sal 16
saliva 54, 123-128, 132, 135
   e o sistema nervoso
autônomo 132
   glândulas 124, 126-128, 132, 136
   viscoelasticidade 129-130, 132
San Francisco 20, 23, 203, 221, 236,
238, 241-242, 245, 250, 261-262, 267
   terremotos 242, 245, 250
sangue 19, 260
   amostras e testes 267-268
   bancos de 19, 200
   e álcool 19
   e solução de Ringer 200
   substitutos do 199
   tipos 200
   transfusões 200
São Paulo 262
Schaefer, Vincent 225
sebo 165
seca 226, 263
Semmelweis, Ignaz 170
sexo 134-135
Silver, Spencer 96
sistema nervoso autônomo 132
sistema nervoso parassimpático 132
sistema nervoso simpático 132
Sobrero, Ascanio 38

solução de eletropolimento 18

solução de Ringer 200

Staphylococcus aureus 178

Staphylococcus aureus resistentes à meticilina (MRSA) 178

Stradivari, Antonio 92

sujeira 169-170

suor 134

supercola 105

superfícies super-hidrofóbicas 268-269

surfactantes 167-168, 172-176

    aniônicos 173

    catiônicos 173

    com agentes antiespuma 174

    detergentes *ver* detergentes

    não iônicos 173

    sabão *ver* sabão

    xampus *ver* xampus

surfe 75, 76

Szilard, Leo 188-190

Tailândia (tsunami de Phuket) 76

tanato de ferro 209

taninos 54, 58, 143, 147, 154

    e tinta 209

tecnologia *lab-on-a-chip* 268-269, 274

Teflon 97

telas de smartphones 117, 119-120

telas de televisão 107-108, 115, 119-120

tensão superficial 20, 28-30, 32, 57, 73, 86, 97, 207, 218, 269

teoria das cores 117-118

terebintina 88

Terra 239-241, 243, 246, 249-250

aquecimento global 44, 82, 194, 242,-244

campo magnético 17, 240

crosta 239-242, 250, 273

evolução da vida 270

líquido de metal fundido envolvendo o núcleo 17, 239-240

manto 240-241, 253

núcleo 17, 240

placas tectônicas *ver* placas tectônicas

terremotos 168

    causa de 239, 241-242

    Christchurch, Nova Zelândia 217

    e liquefação 216-217

    e placas tectônicas 80, 241-242

    e tsunamis 17, 77-82

    Japão 79-80, 245

    Oceano Índico 17, 77

    San Francisco 242, 245, 250

tetraetilchumbo 190

Ticiano: *Ressurreição* 110, 120

tinta(s) 86, 206-210, 212-213

    aquarela 109

    baseada em carbono 207-208

    e fluxo 206-207, 211-213

    emulsões 215-216

    e taninos 209

    ferrogálica 208, 210

    não gotejamento 216

    não newtoniana 214-218

    óleo 109-110, 117

    Quink 212

transfusões de sangue 200

triclosan 179

triglicerídios 165-166

trilhas de condensação 226-228

tsunamis 79

    Japão 80-81

    Phuket, Tailândia 76

    terremoto do Oceano Índico 17, 77

Unilever 174

usinas nucleares, desastres de

    Fukushima Daiichi 79, 81-82

    Tchernóbil 226, 230

velas 30, 42, 172

vespas 209, 259

Vesúvio, monte 248-249

    vítimas 248-249

vidro 263

vinho 47-50

    acidez 55-56

    adstringência 54-55

    branco 53, 56

    buquê 55-56, 60

    combinação com alimentos 54-55

    doçura 55

    efeito Marangoni 57

    e os sentidos 55-56, 58-61

    preços 61

    prêmios 60

    rótulos 58, 60

    sabor 54-61

    secura 55-56

    sem álcool 50

    temperatura para servir 56

    tinto 56-57

viscoelasticidade 129-130, 132

viscosidade 20, 25, 32, 37, 86, 90, 182, 214, 216-217

vodca 52, 55

Waterman, Lewis 211

Whittle, Frank 43

Wilde, Oscar: *O retrato de Dorian Gray* 98, 108, 115, 117

Woodcock, Janet 179

Wright, Ruby: *Secret Lemonade Drinker* 111

xampus 15, 168, 174-176

    Drene 174

    e espuma 175-176

    primeiros anúncios 175

Young, James 33